MARK DION *The Natural History of the Museum*

MARK DION

The Natural History of the Museum

REMERCIEMENTS | DANK

Nos remerciements les plus vifs vont à l'artiste pour son investissement et son enthousiasme | Unser aufrichtiger Dank geht an den Künstler für seinen grossen Einsatz und seine Begeisterung.

Que tous les collectionneurs, y compris ceux qui ont souhaité garder l'anonymat, trouvent ici l'expression de notre gratitude pour leur généreux concours à cette manifestation | Wir hoffen, dass alle Sammler der Werke von Mark Dion, auch diejenigen welche gewünscht haben, anonym zu bleiben, hier den Ausdruck unserer Dankbarkeit finden für ihre grosszügige Bereitschaft, sich an dieser Ausstellung zu beteiligen :

Tanya Bonakdar Gallery, New York
Château d'Oiron
Collection of Matti Bunzi and Billy Vaughn, Chicago, Illinois
Collection Dimitris Daskalopoulos, Greece
Collection DuMont Schütte
Collection Antoine de Galbert, Paris
Collection Karola Grässlin
Collection IAC-Frac Rhône-Alpes, Villeurbanne (Lyon)
Collection Daniel Janicot
Collection Gunther Lorenz, München
Collection Konstantinos Papageorgiou
Collection Michel et Colette Poitevin
Galleria Emi Fontana, Milano
Galerie In Situ/Fabienne Leclerc, Paris
Galerie Christian Nagel, Cologne/Berlin
Courtesy Georg Kargl, Vienna
Muséum d'Histoire Naturelle, Nîmes

Les projets, sculptures, photographies, œuvres sur papier, livres et vidéos de cette exposition sont des exemples de plus de vingt années de production artistique et témoignent non seulement de ma persévérance mais aussi de celle de nombre d'artisans, musées, galeristes, collègues et amis. Pour cette exposition, je suis profondément redevable aux équipes de conservation de chaque institution qui ont déployé patience, perspicacité et courage en réalisant la meilleure présentation de mon travail. Merci à Françoise Cohen, directrice du Musée d'Art Contemporain de Nîmes qui a vraiment initié l'exposition et à son assistante Delphine Verrières. A Helsingborg, mon estime va à Magnus Jensner, directeur du Dunker Kulturhus et à la merveilleuse coordinatrice des expositions Evalena Lidman ainsi qu'aux départements de conservation et de régie qui ont travaillé si durement au sauvetage d'objets enfouis dans les réserves. Pour la dernière étape de l'exposition à Seedamm Kulturzentrum, mes remerciements vont au directeur Andreas Meier et à son équipe ainsi qu'à Anke Kepler qui a généreusement alimenté ce projet. Le succès de cette publication est largement du à l'œil acéré et au sens graphique de Philippe Magnon qui a remarquablement bien compris et organisé les éléments. Je suis aussi immensément ravi de la contribution de Natacha Pugnet, une plongée érudite dans mon œuvre.
Sur le plan pratique, je suis terriblement redevable à ma très chère Dana Sherwood qui a été ma compagne et ma confidente pour chaque installation de l'exposition. Son conseil et sa persévérance ont grandement facilité ma tâche. A de nombreuses reprises j'ai été conscient de la véritable excellence des galeries avec lesquelles je travaille. Ils ont facilité cette exposition et m'ont largement aidé à produire les travaux présentés. Je suis fier de les appeler non seulement mes représentants mais aussi mes amis. Merci à Tanya Bonakdar Gallery (New York), Fabienne Leclerc In Situ (Paris), Galerie Georg Kargl (Vienne), Christian Nagel Galerie (Cologne/Berlin), Galerie fur Landschaftskunst (Hamburg), Goodwater (Toronto) et Galleria Emi Fontana (Milan). Je me souviens également de ma dette au défunt Colin De Land de American Fine Arts Co.
J'ai eu beaucoup de chance en étant un artiste très entouré d'amis de vision et de talent. C'est par le discours avec beaucoup d'entre eux que les idées et les œuvres ont pris forme. Je voudrais exprimer mon admiration et ma gratitude à J. Morgan Puett, Jason Simon, Bob Braine, Moyra Davey, Robert Williams, Nils Norman, Till Krause, Alexis Rockman, Lisa Corrin, Christine Heidemann et Lenka Clayton.
Enfin, je voudrais remercier mon très cher fils Grey Rabbit Dion Puett qui est ma véritable inspiration et ma merveilleuse mère Eva Dion dont l'encouragement est la source de tous mes efforts.

MARK DION

Die Projekte, Objekte, Fotografien, Arbeiten auf Papier, Bücher und Videos dieser Ausstellung sind eine Auswahl einer mehr als zwanzig Jahre dauernden Kunstproduktion. Sie sind das Ergebnis nicht bloss meines eigenen Fleisses, sondern auch desjenigen vieler Hersteller, Museums- und Galeriefachleute, Kollegen und Freunde. Für diese Ausstellung fühle ich mich den Kuratorenteams der drei beteiligten Institutionen zu Dank verpflichtet, welche Geduld, Verständnis und Mut für meine Anliegen zeigten und dafür ein bestmögliches Umfeld geschaffen haben. Ich danke Françoise Cohen, Direktorin des Carré d'Art Musée d'Art Contemporain in Nîmes, welche die Ausstellung initiiert hat sowie ihrer kuratorischen Assistentin Delphine Verrières. Ich danke Magnus Jensner, Direktor des „Dunkers Kulturhus" in Helsingborg und seiner wunderbaren Ausstellungskoordinatorin Evalena Lidman sowie der Konservierungsabteilung und der Registrarin, die hart arbeiteten, um Objekte aus der Versenkung des Depots zu holen. Am letzten Austragungsort der Ausstellung, dem Seedamm Kulturzentrum, geht mein Dank an Direktor Andreas Meier und sein Team, sowie auch an Anke Kepler, die auf engagierte Weise das Projekt mitinitiiert hat. Der Erfolg dieser Publikation ist grösstenteils dem wachsamen Auge und dem graphischen Sinn von Philippe Magnon zu verdanken, der das Text- und Bildmaterial bemerkenswert gut verstanden und zu einem Buch gestaltet hat. Auch bin ich sehr dankbar für das Mitwirken von Natacha Pugnet, einer Kunstwissenschaftlerin mit einem ausserordentlichen Verständnis für meine Arbeit.
Auf der praktischen Seite bin ich meiner Partnerin Dana Sherwood zu tiefstem Dank verpflichtet, die ständige Begleiterin und Vertraute bei all meinen Installationen in dieser Ausstellung. Ihr Wissen, ihre Ratschläge und ihre Ausdauer haben meine Arbeit in hohem Grade erleichtert. Schon lange war mir auch die ausgezeichnete Arbeit der Galerien bewusst, mit denen ich zusammenarbeite. Sie haben diese Ausstellung unterstützt und viel dazu beigetragen, dass meine Arbeit die heutige Form angenommen hat. Ich bin stolz, sie nicht bloss meine Vertreter, sondern auch meine Freunde nennen zu dürfen. Ich danke T. Bonakdar Gallery (New York), Fabienne Leclerc In Situ (Paris), Galerie Georg Kargl (Wien), Galerie Christian Nagel (Köln/Berlin), Galerie für Landschaftskunst (Hamburg), Goodwater (Toronto) und Galleria Emi Fontana (Milano). Ebenso fühle ich mich zu Dank verpflichtet dem verstorbenen Colin De Land von American Fine Arts Co.
Ich habe grosses Glück als Künstler von Freunden mit Visionen und künstlerischem Talent umgeben zu sein. Im Diskurs mit ihnen nehmen Ideen und Werke Gestalt an. Ich möchte hier meiner Bewunderung und meiner Anerkennung Ausdruck geben für J. Morgan Puett, Jason Simon, Bob Braine, Moyra Davey, Robert Williams, Nils Norman, Till Krause, Alexis Rockman, Lisa Corrin, Christine Heidemann und Lenka Clayton.
Zuletzt möchte ich meinem lieben Sohn Grey Rabbit Dion Puett danken, der mich sehr inspiriert, und meiner wundervollen Mutter Eva Dion, deren Ermutigung Quelle aller meiner Anstrengungen ist.

MARK DION

UNE PROMENADE À LA SURFACE DU MONDE

FRANÇOISE COHEN

A l'heure où le monde se propose de plus en plus fréquemment à notre premier usage par l'image, Mark Dion dans une collecte inlassable, affirme le réel pour irréductible. Depuis le XVIIIe siècle et la découverte de la Nature comme miroir de l'activité humaine, la figure du promeneur, renouvelé au XIXe et au XXe siècle par des auteurs comme Baudelaire, Walter Benjamin ou W. Sebald, est la métaphore de l'homme moderne mais aussi de l'artiste. Elle se distingue par sa mélancolie également.
La promenade de Mark Dion est, elle, une promenade heureuse, née de la curiosité aiguë de l'artiste. Elle rend le monde inépuisable.

Mark Dion, artiste voyageur en perpétuel mouvement, héritier de la tradition occidentale des explorateurs n'ignore aucun recoin de la planète. Mais plus important encore est le transfert de leurs méthodes à notre monde immédiat. Dans le rationalisme du XVIIe siècle, la question de la mesure, de l'angle d'approche met en forme la réflexion scientifique. La révolution copernicienne exposée par Pascal est le retournement des termes de la comparaison, le soleil et le globe terrestre.
Dans son humour, Mark Dion procède de même, de la jungle à la « jungle de béton », des animaux naturalisés à Mickey...

Mark Dion glisse dans l'espace et le temps. Sous les marches des ères géologiques de *Deep Time Closet*, comme dans les tombes égyptiennes, le ciel est étoilé, car l'entropie peut être belle. Cette légèreté n'est pas que celle du déplacement géographique, mais aussi celle de l'emprunt, de l'indice, de la coïncidence. Mark Dion a choisi d'investir un ordre qui n'est pas le sien. L'art mêlé de nombreuses scories se joue de lui-même et des autres. Usant de procédures de métissage et de contamination, tantôt créateur romantique ou anthropologue investi dans le contexte social, Mark Dion témoigne d'une immense liberté.
La marge et le collage, le rapprochement improbable des espèces, les techniques les plus sérieuses appliquées aux greniers et aux terrains vagues en sont les modes de développement. Mark Dion aime les espèces parasites : le rat, la mouette... C'est que loin des anathèmes de paradis perdu fréquents sur le thème de l'environnement, de cette impureté naissent l'œuvre et le mouvement des idées.

Au travers de ses pièces, la science est aussi un grand récit, une fiction avec ses héros animaux autant que ses génies scientifiques. Dans la taupe en peluche, reproduction exacte de l'expérience de Jean-Henri Fabre, est-ce vraiment l'attaque des insectes nécrophores qui centre l'attention, ou le pendu, image de souffrance presque humaine ? Si Mark Dion privilégie le cabinet bien rangé, le *Theatrum Mundi*, c'est pour en interroger la représentation, non pour la figer. Dion ne propose pas une archéologie de la connaissance. Il la met en mouvement. De nombreuses œuvres ressemblent à des campements, bases scientifiques de recherches aussitôt disparues et déplacées.

Dans sa blouse blanche, identifié par la monture de ses lunettes, il endosse le personnage du savant, le porte à son extrême souvent jusqu'à l'absurde et dissout en fumée l'esprit de sérieux – léger comme la bulle de savon baroque.

VISUALISIERTE MOBILITÄT DES DENKENS

ANDREAS MEIER

Mobilität ist eine zentrale Kategorie im Werk und im künstlerischen Selbstverständnis von Mark Dion. So wie der verstorbene Ausstellungsmacher Harald Szeemann sich das Label der „Agentur für geistige Gastarbeit" gab, versteht er sein künstlerisches Wirken als ‚Gastarbeit eines nomadisierenden Künstlers'. Wo er auftritt, eignet er sich prospektiv ein Umfeld an, sammelt ortsspezifisches Fundgut, um dieses auch wieder in seinen in situ-Installationen zu inszenieren. Daraus entstehen autonome Werke und aus dem ungebundenen Material werden Installationen adaptiert und reinszeniert. Aus der physischen Mobilität und der gedanklichen Verschiebung von Begriffen innerhalb von Systemen generiert sich sein Werk. Er ist ständig unterwegs. Er durchforscht und durchleuchtet gegebene Museumsstrukturen und Sammlungen, beschäftigt sich aber auch mit der eigentlichen Natur dort, wo die Problematik des Gegensatzes von Natur und Zivilisation beispielhaft in Erscheinung tritt. Er nähert sich dem ortspezifischen Umfeld, indem er Brockenhäuser anschaut oder auch veritable Grabungen durchführt, wo sich ihm ein Untersuchungsfeld eröffnet. Er schlüpft in die Rolle des Archäologen, um historische Spuren von Jahrhunderten zu ergraben. Er schlüpft in die Rolle des Umweltschutzaktivisten und Tierschützers, nicht um direkt zur Rettung der Artenvielfalt beizutragen, aber um Denkgewohnheiten im Umgang mit der Natur zu durchkreuzen und Reflexion zu erzeugen. Er bringt das Museum direkt zum Publikum, und er hinterfragt die emblematische Bedeutung unseres Umgangs mit jenen Tieren, die vor allem in der Werbung gehäuft eingesetzt wird, um Wildnis und reine Natur zu vergegenwärtigen. Er sagt: „Natur wird von links wie von rechts benutzt wie ein Schwamm, um Ideen und Ideologien zu konstruieren".

Mark Dion tritt manchmal selbst in Aktion. Mit seiner mächtigen schwarzen Brille verkörpert er den akribischen Naturwissenschafter und ist gleichzeitig schalkhafter Darsteller dieser Spezies. Er generiert nicht Konzeptkunst im Sinne der Visualisierung von Denkprozessen, er schafft eindringliche Bilder und Nachbilder, wenn er in seinen „mobile wilderness units" den Wolf diorama-ähnlich wie in den naturgeschichtlichen Museen in seinem eigenen Biotop reinszeniert, das Ganze aber auf einem Autoanhänger zum mobilen Museums-Schaustück arrangiert. Er entfernt sich dabei von der Statik des Naturmuseums und macht aus dem Anschauungsobjekt ein bewegliches Gedankenexperiment. In Florida, wo es der Umweltschutz besonders schwer hat, erfindet er eine „South Florida Wildlife Rescue Unit", die mobile Umweltschutz-Einsatztruppe mit Fahrzeug. Diese Truppe - mit männlichem und weiblichem Mannequin simuliert - wird zur Statushebung ausgerüstet mit einer fiktiven Uniform, die sich irgendwo zwischen einem Outfit von Jägern und Rettungssanitätern einordnen lässt. Der Camper-Wagen mit entsprechendem Emblem ist voller Fangnetze und Käfige. Die fiktive Existenz solcher Rettungsbereitschaft beruhigt uns, und es entstehen gleichzeitig beunruhigende Fragen bezüglich der Effizienz solch wohlgemeinten Engagements von Gutmenschen für die Sache der Natur.

So wie die Gesellschaft in ihrer Werbung das Tier emblematisch zur Verkaufsförderung vereinnahmt, so braucht auch Mark Dion Tiere, um uns den Spiegel für unser Verhältnis zur Natur vorzuhalten. Das Eichhörnchen gleicht dabei nicht nur dem Künstler mit seinem Sammeltrieb, bei Mark Dion sitzt es auf einem Haufen von Zivilisationsgütern, die es - eher wie eine Elster - gehortet hat. Der Sockel auf dem es nun habgierig sitzt, wird zum Gleichnis für menschliches Zivilisationsstreben und dessen eigenen Gefährdung. Mark Dion tritt nicht mit erhobenem Mahnfinger auf. Er erzählt Geschichten und nimmt Fakten auf, die parabelhaft Anschauung vermitteln, so etwa diejenige fast modellhafte Naturkatastrophe auf der Insel Guam, wo durch den Einfluss des Menschen alle Vögel verschwunden sind.

Das Naturgleichgewicht wurde so nachhaltig gestört, dass heute eine höllenartige Vision Realität wurde durch die Überpopulation einer einzigen Schlangenart, die sich auf allen Bäumen ausgebreitet und die Vogelwelt ausgerottet hat. Mit der Folge, dass nun auch Spinnen überhand nahmen, weil sie keine natürlichen Feinde mehr haben.
Vielleicht, sagt Mark Dion, habe in den vergangenen Jahren eine pessimistische Sicht in seinen Arbeiten überhand genommen. So im Tar Museum, das uns lauter mit Teer übergossene Tierpräparate zeigt. Teer ist als Material völlig ambivalent, ist es doch ein Naturprodukt und die dreidimensionalen Silhouetten der Tiere haben mit ihrem Oberflächen-Glanz einen reflektiv-reflektierenden ästhetischen Reiz. Diese erinnern an die vereinfachende Darstellung der zweidimensionalen Scherenschnitt-Realität, welche uns auf eine primäre Objektwahrnehmung fixiert: den Blick des Jägers. Die Tiere erinnern uns aber gleichzeitig an die geschädigte Tierwelt und an Bilder, die uns, wenn nicht direkt aus der Wirklichkeit, so doch hundertfach durch Medienberichte vermittelt werden, wenn global kommunizierte Auswirkungen von Tankerunglücken uns mit lokalen Naturkatastrophen von verheerendem Ausmass konfrontieren. Öl ist ein zentraler Argumentationspunkt in der Umweltdiskussion um den CO^2-Ausstoss und die Klima-Erwärmung und gleichzeitig Ursache wirtschaftspolitisch motivierter amerikanischer Kriegseinsätze im Golf und im Irak. Mark Dions Gesicht hellt sich auf, als wir auf die kürzlich gewonnenen amerikanischen Parlaments-Wahlen durch den Sieg der Demokraten zu sprechen kommen: „Vielleicht werden wieder eher optimistische Bilder in meinen künftigen Arbeiten entstehen."

Im Hinblick auf die kommende Ausstellung in der Schweiz hat Mark Dion wiederum die Gegend um den Zürichsee besucht. Er hat Flohmärkte und Brockenhäuser durchstöbert, um sich hier mit den Sedimenten der Siedler am Zürichsee auseinanderzusetzen. Das Resultat von wenigen Tagen Sammeltätigkeit ist verblüffend. Seine Enquête lässt eine wohl organisierte Zielstrebigkeit erkennen, die sich nie im Vielerlei verliert. Wo er auf für ihn wenig bedeutsame Fährten gelockt wird, sagt er bald einmal „We have to distinguish between interesting and relevant". So finden sich bald einmal ganze Gruppen von Gegenständen, die unsere menschliche Beziehung zur Natur reflektieren, aber auch den Bezug zu einer nahe zurückliegenden Geschichte: zwei Insektizid-Spritzen für den Garten, handwerklich und historisch interessante Holztreidler für den Hechtfang, eine Mausefalle, eine Kaninchenzüchter-Trophäe, eine Handvoll Scheren, eine aus einer Konservendose gelötete Öllampe aus den Kriegsjahren und nicht minder interessant - ein selbst gebastelter Heidelbeer-Striegel - dann, unter verschiedenen Fotografien, gerahmt eine 62-köpfige 5. Schulklasse aus dem Glarnerland im Jahre 1937. Und das Schmunzeln beginnt erst recht bei den Büchern, die wohl zum Einsatz in der auf unsere Räume adaptierten Vogelhaus-Bibliothek kommen werden: „Die Natur und ihre Geheimnisse", „Der schweizerische Nationalpark", „Belauschte Natur", „Taschenatlas der Schweizer Flora", „Tiere der Heimat" und „Forscherfreuden auch für Dich".

I

MUSEUMS AND THE CULTURE OF COLLECTING

DEPT. OF TROPICAL RESEARCH
DEPT. OF
MAZA

OPTICS
FRAGILE
AL RESEARCH
005
RIVER
NA
MAPS

Equipment List

balls of string
rope
Pully
lighter + matches
whistle
Swiss army knife
flashlights (3)
headlamp
reading light
Kerosene lamp (2)
candels
alcohol
batteries (AAA, AA, C)
tarpaulins (3)
Machete
hatchet
hammer
Bow saw
Mattock
Shovel head
Axe head
Pens and paper
drafting tools
ruler
books (4)
Camera trap
Camera
Film
tripod
lens paper + cleaner
binoculars (2)
bird call
field guides
trowell
Super glue
duct tape
Zip-loch bags
Marker tape
Watercolor
brushes
tape measure
ruler
Shock cord

Clothes

Pants (3)
Shirt (4)
t-Shirt (2)
hat (2)
shorts (1)
swin trunks (1)
Socks (5)
underwear (5)
handkerchief (2)
gloves (1)
extra glasses (2)
boots
sneakers
rain coat

Sleep gear

hammock
Mosquito net
Sheet
Sleeping bag
inflatable pillow

Fishing equipment

landing nets (2)
rods (3)
reels (3)
spoons + lures
lots of small gear
trident
Minnow trap
Sutures + Pliers
Fillet knife

Nails
dry sacks (2)
gear hammock
face mosquito net
file
compass (2)
wet stone
5 gallon bucket
plastic trash bags
laundry brush
wash brushes
soap powder
wash basin
Calculator
clock

Collecting material

Insect boxes
Killing Jars
Pins
enamel pans
spreading board
Field microscope
insect pit fall traps
Disection kit and other instruments
forceps Probes
aspirator hand lens
Jars and plastic bottles
alcohol and Ethyl Acetate
Naphthalene and PDB crystals
Small mammal traps

Nets:
- Aerial
- Sweep
- fish
- beating sheet

eye dropper

Kitchen

Salt, Pepper, spices
spatula long fork
tongs, grill, serving spoons
coffee maker mugs
cups waterbottles (3)
anti-baterial cutting boards
2 fry pans 2 large pots
3 sauce pans cooking sheet
bowels, mess kit
egg holder Aluminum foil
knives sponge pads
cleaning liquids
mess bags.

First AID

Mosquito repellent
asprin, Pain killers
vitamins Malaria medicine
bandages, sun screen, gauze
Tape, anti fungal powder
first aid cream Cortisone
anti-diarhea meds
ace bandage
surgery instruments

wire
toilet paper
clothes line
Pins

A
B

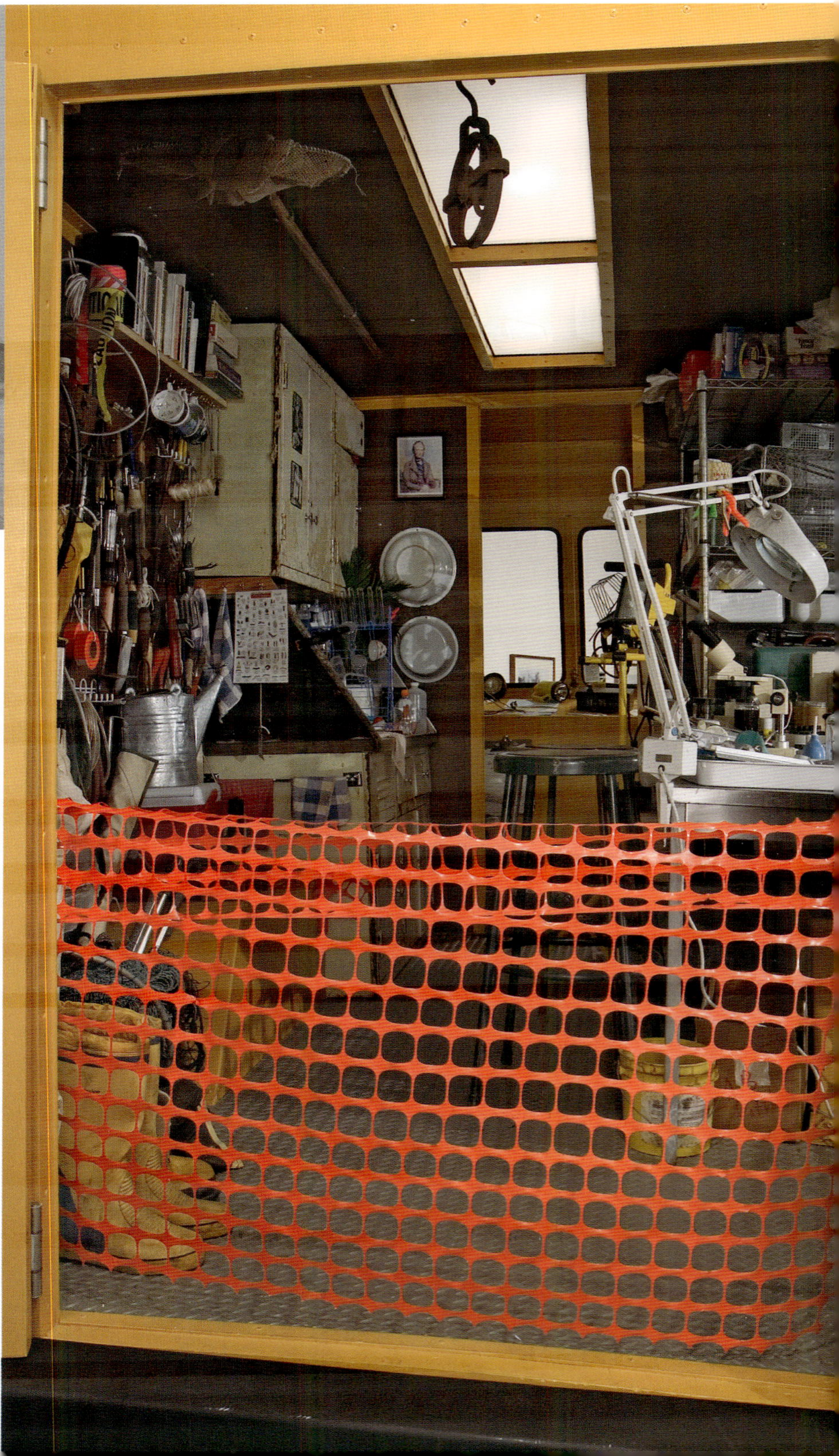

A B

17
A
B

Collections index Digne

Bureau of
the Centre for the
Study of Surrealism
and its Legacy

SEXUAL BEHAVIOR IN THE HUMAN FEMALE
KINSEY POMEROY MARTIN GEBHARD
SAUNDERS
SEXUAL BEHAVIOR IN THE HUMAN MALE
KINSEY POMEROY MARTIN
SAUNDERS
Bureau of the Centre for the Study of Surrealism and its Legacy
1. Embalmed ones
2. Those that are trained
3. Suckling Pigs
4. Mermaids
5. Stray dogs

A B
C

22
A
B

II

DEPARTMENT OF EARTH SCIENCE

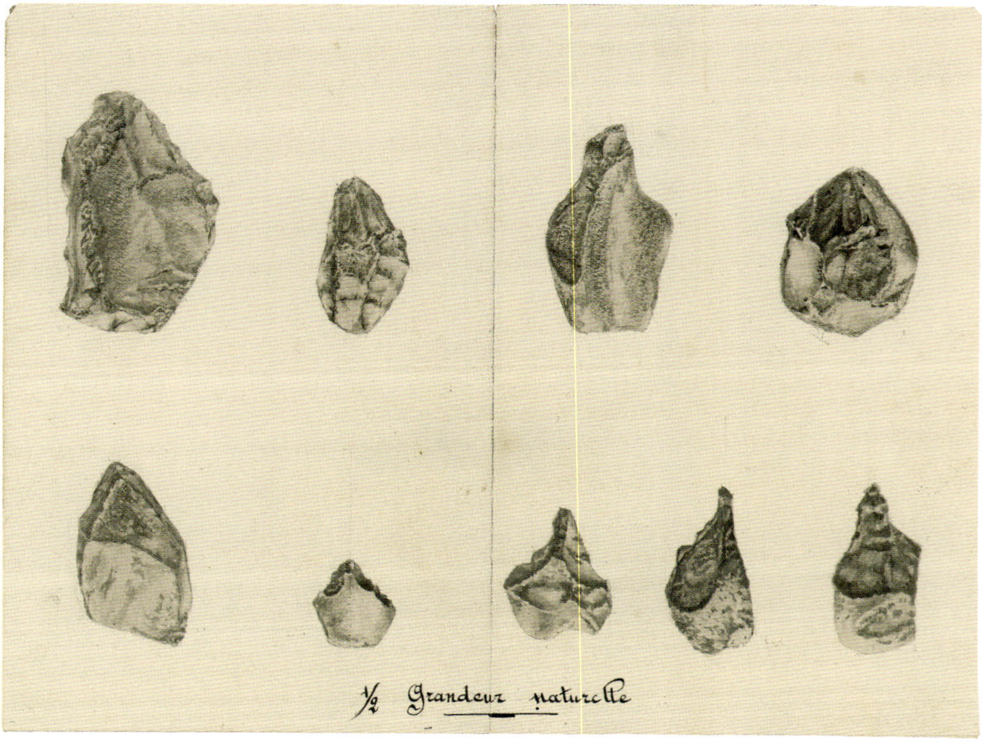

QUATERNARY
TERTIARY
CRETACEOUS
JURASSIC
TRIASSIC
PERMIAN
PENNSYLVANIAN
MISSISSIPPIAN
DEVONIAN
SILURIAN
ORDOVICIAN
CAMBRIAN

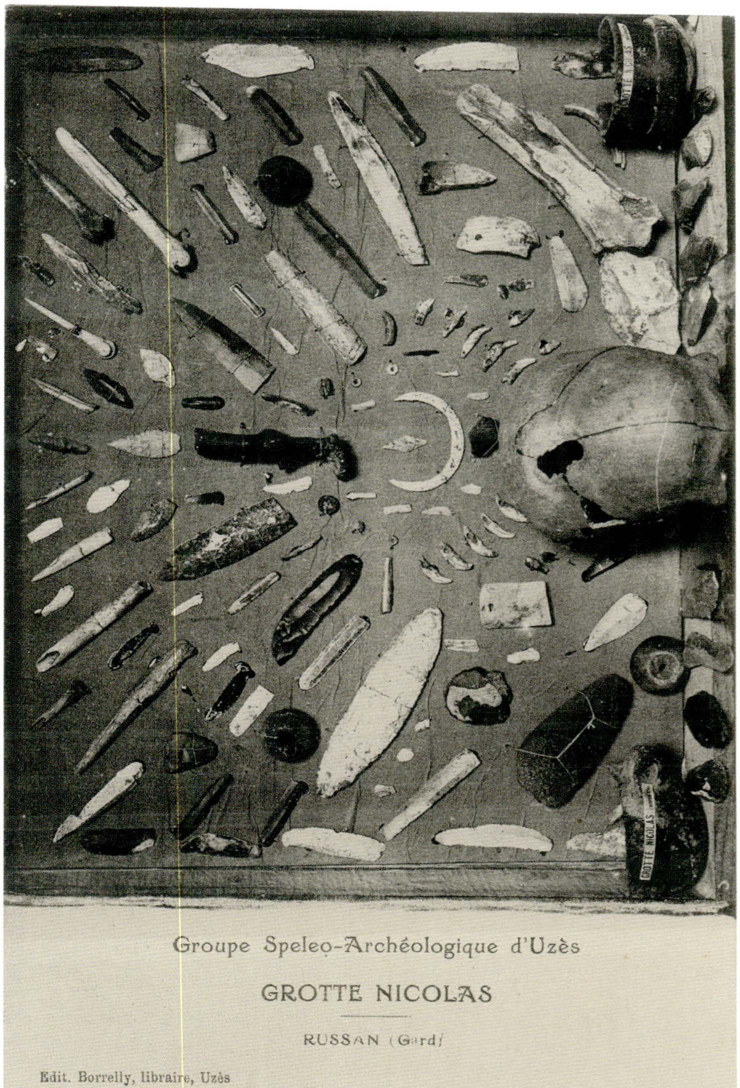
Groupe Speleo-Archéologique d'Uzès
GROTTE NICOLAS
RUSSAN (Gard)
Edit. Borrelly, libraire, Uzès

FRAGILE
FRAGILE
FRAGILE
FRAGILE
SIZE 71
WT 2

29
A
B

DEPARTEMENT
DE
PALEONTOLOGIE

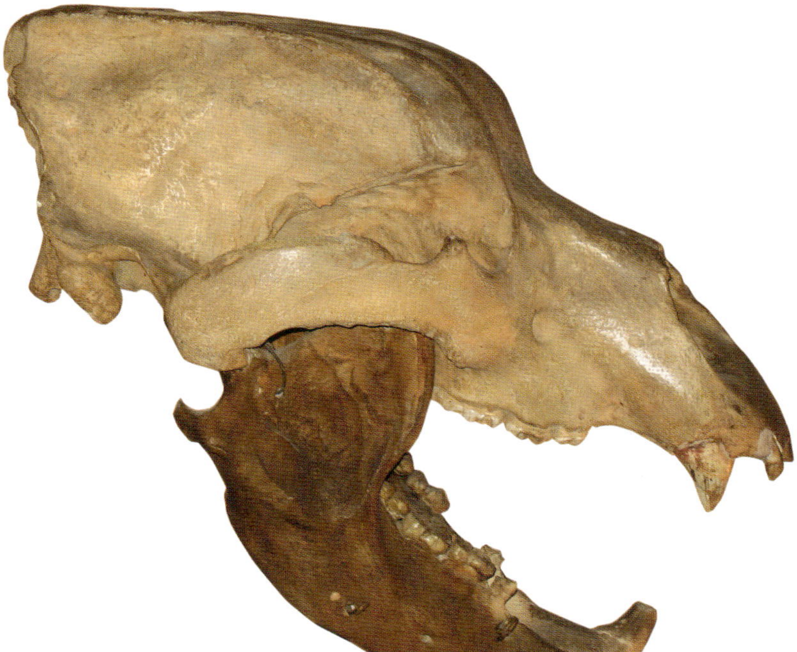

III ENTOMOLOGY

A
B

GRASSHOPPER MONOLOGUE

The insects were at least as curious about Jean Henri Faber, as he was about us. We all considered the old man utterly mad. Well, maybe not all the insects did, but at least the grasshoppers and other more reflective insects saw it that way. Not that I was there to judge him myself.

Perhaps I should explain. I am the descendent of the locust that the entomologist Jean Henri Faber so carefully studied in his laboratory at the edge of the village of Serignan. It was my great , great, great grandmother, some 90 generations distant, who the entomologist witnessed molt her exoskeleton and which he wrote about in his book The life of the Grasshopper. The details I will relate to you come down through the ages, as do most histories in the insect world. We are rather fond of stories and have infallible memories, well at least the grasshoppers do.

I hesitate to relate more to you lest you become appalled to imagine that we insects take so much interest in the affairs of your species. Nothing could be further from the truth. However Faber was not a normal man, he was extraordinary in many respects. We began to notice his early in his life when he was but a peasant boy living in the country with his grandmother. It was then that he first took an interest in our world. Like most boys his first encounters with other animals were senseless, barbarous, without understanding of pity. Never-the-less there was something else there something I will call rapture, for the lack of a better word. The intensity of his love for the natural world was visible from the start. We are sensitive to this kind of stuff, and so news of this strange boy's passion reached insects all over France. We have a complex communication network built up over the last ten thousand years.

Over the following years we would hear of his activities. In Avigion he was taking long walks and talking about human philosophy with John Stwart Mill, another nature enthusiast in Avigion. His interest in insects did not really seem so significant until in 1878, at the age of 55 human years, he purchases a plot of waste land in Orange. It was a stony, sun-scorched, thistle-ridden speck of land unfit for agriculture or even grazing, yet for him it was a garden of Eden. The locals thought he was a tramp, a potential poultry thief or at the very least insane. He constructed a wall around his plot transforming it into the open-air laboratory where he would remain devoted to entomology for the rest of his life. While other naturalists we off exploring the mighty Amazon or crossing endless deserts or sailing the oceans in search of answers, Faber's journey took him into the microcosm of his walled in garden. It was in this exotic new world that he encountered the peacock moth, the thistle weevil and the mason bee.

Faber was a survivor as tough as the land he loved. We insects respect this. His favorite son died at age 15, and his first wife soon after was taken by pneumonia. He survived harsh illnesses, extreme poverty and even bitter persecution when while still in Avignon he tried to admit females to his science classes and was fired by his superiors and denounced fro the pulpit by the clergy. He persevered. Once in Orange it took him over 30 years to complete his Souvenirs Entomologiues, a work of some 2,500 pages and nearly 850,000 words.

His long years of abuse, neglect and obscurity ended in five exhausting years of celebrity. At age 84 he found himself acclaimed. You should have seen the fancy visitors. the eminent literary figures, the obsequious officials, the scientists. They nearly trampled our entire homeland. Our English cousins reported that even Mr. Charles Darwin quoted our local hero in his book On the Origin of Species. Faber all his life opposed the notion of evolution remaining convinced of the fixity of species. For him all living things were created as they appear today, and all animals were equipt with the same instinctual equipment. We grasshoppers had a great laugh at that idea.

All of the insects were fascinated by this man who took so much interest in us. Its not that we were unfamiliar with entomologist, far from it we knew them too well. They were murderers, wielding cruel nets, carrying jars of poison and impaleing us on the sharpest needles. The naturalists of Faber's day were largely museum men, cloistered in dark vaults smelling of formalin and camphor, where dry bird skins lie in rows in drawers, and fish and reptiles float immobile in liquid preservatives and us insects, stabbed through with pins wait in boxes for classification. The study of proceeded through the ordering of death. Faber's studies burst out of the dusty glass cabinets and into the brilliant sunlight of the country side. He had learned the simple fact that a living specimen will give away more secrets than a thousand dead ones.

To the curators of natural history museum Faber challenged, "you rip up the animal an I study it alive: you turn it into an object of horror and pity, whereas I cause it to be loved: you labor in a torture-chamber and dissecting room, I make my observations under the blue sky to the song of the cicadas, you subject cell and protoplasm to chemical tests, I study instinct in its loftiest manifestations; you pry into death, I pry into life. And why should I not complete my thought: the boars have muddied the clear steam; natural history, youth's glorious study, has, by dint of cellular improvements become a hateful and repulsive thing, Well, if I write for men of learning, for philosophers, who, one day will try to some extent to unravel the tough problem of instinct, I write also, I write above all things for the young. T want to make them love the natural history which you made them hate; and that is why, while keeping strictly to the domain of truth, I avoid your scientific prose...."

We liked Faber. Ofcourse we suffered under his observation and experiments. He fed one of my great uncles to a monsterous predatory wasp and I lost a cousin to one of his spiders, but we insects have a less sentimental relationship to death than humans do. For us life is hard. Beside Faber was the only person in the region not tring to wipe out the whole lot of us with pestisides.

In his research Faber was attempting to demonstrate the flaws in folk entomology and in his predecessors who saw insects as endowed with reasoning or inventing faculties comparable to those of higher animals or even humans. Can you imagine the absurdity of seeing those dullards the ants as reasoning beings? Faber proposed instinct as an alternative way of understanding bug behavior. But this is also Faber's folly. He over-emphasized instinct and failed to see that instinct provides considerable flexability in the actions of animals. We are not machines after all.

His pursuit of knowledge was indefatigable. We teased him often; intentionally frustrating him or leading him down the wrong path. From time to time an insect would allow him a glimps of truth, a tiny piece of the vast puzzel. These tidbits of knowledge would often just be enough to make cleare the grand scale of his ignorance. Humans need to be humbled every now and again. Faber was never discouraged by the fact that he would never know everything.

These words seem true, for human kind too will pass on to Oblivion as so many of the other animals have. No doubt it will be due to their own odd self destructive behavior. As for us insects, don't worry we will still be around for a long time

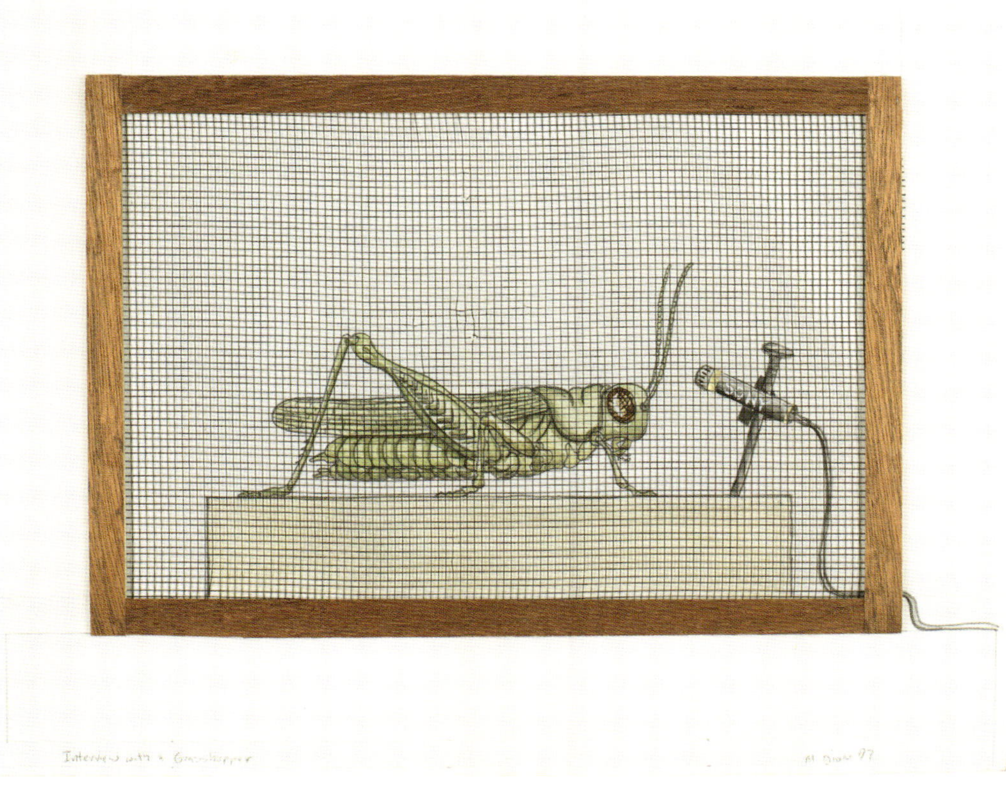

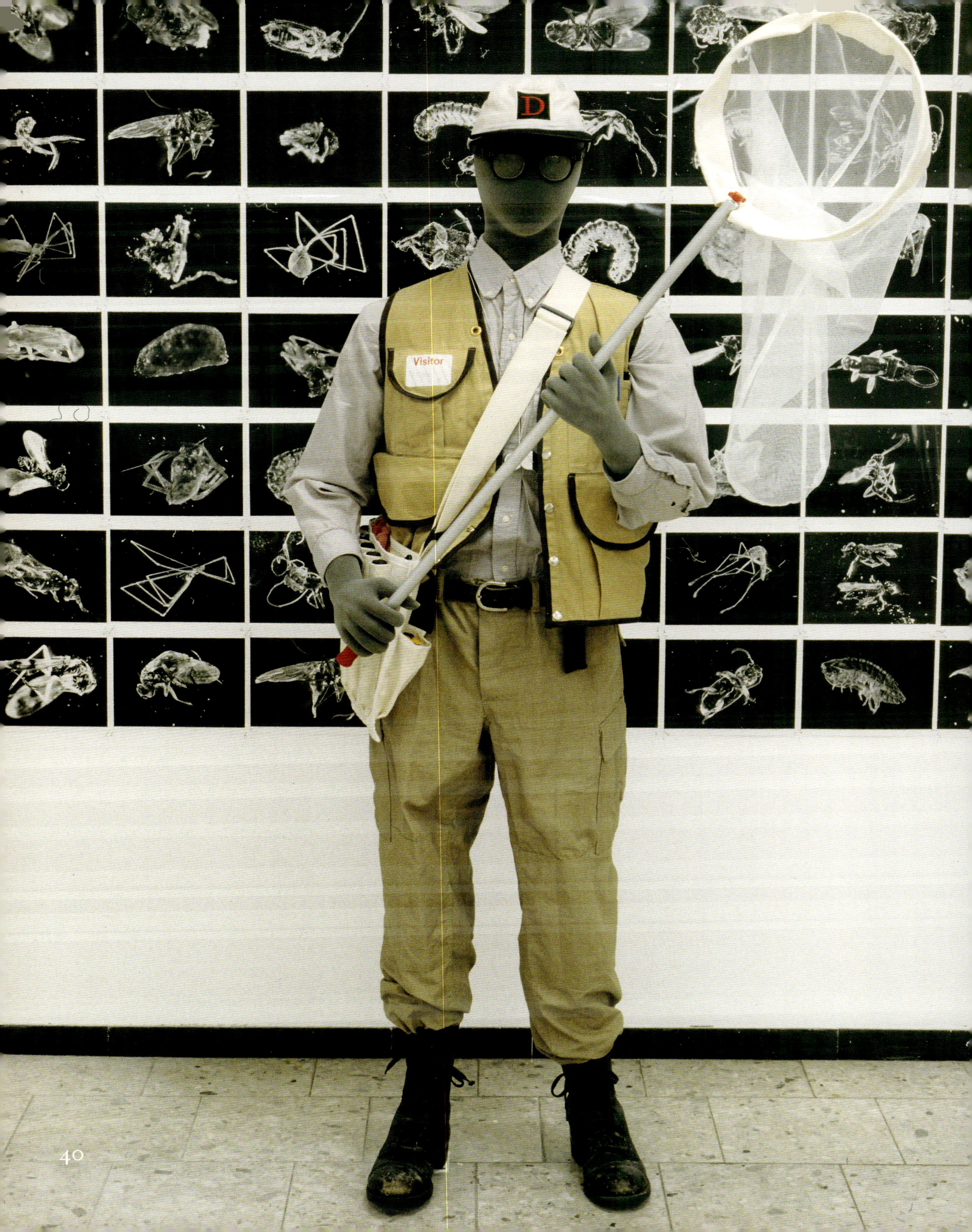
D
Visitor

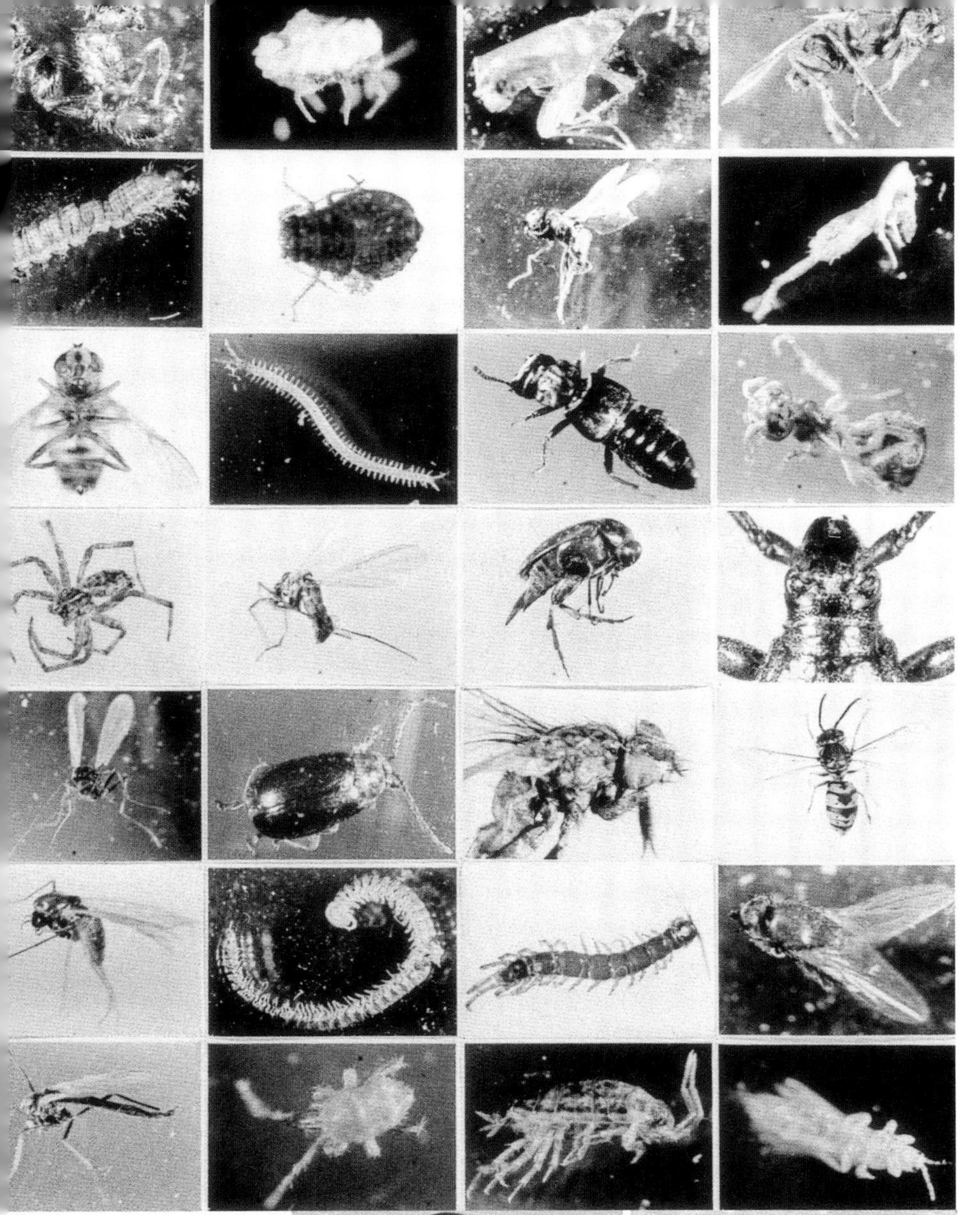

41
A
B

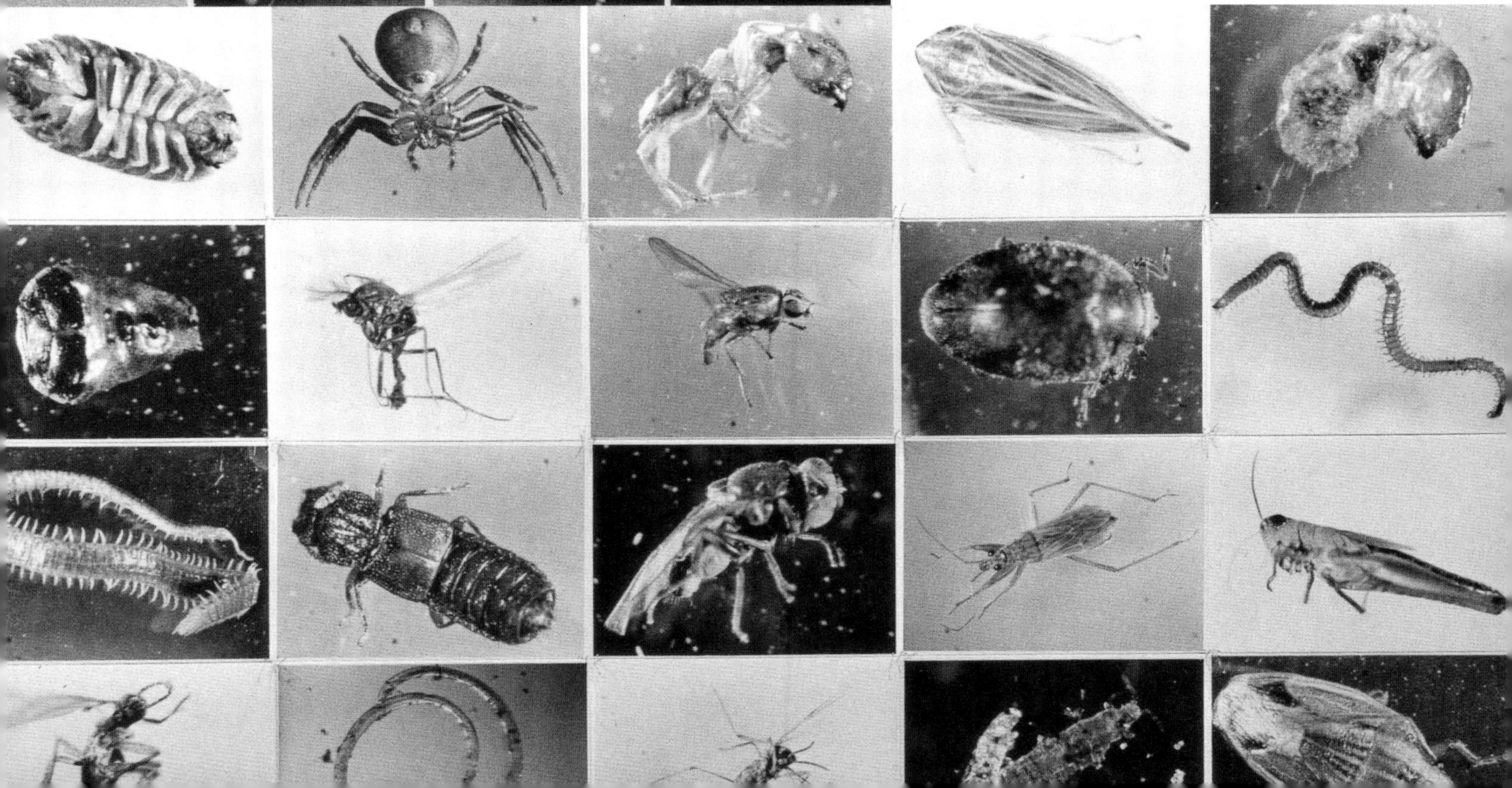

42
A B

SOUVENIRS ENTOMOLOGIQUES

IV

ARCHEOLOGY

44

Scotch

A
B

A
B C

SITE 2
BANKSIDE

V ORNITHOLOGY

BIOLOGY
FOSSIL MAN

Monument to the Birds of Guam M. Dion 05

Monument to the Birds of Puffin Island M. Dion 2006

60

THE TAR MUSEUM
SCHLEIFMÜHLGASSE 5
1040 WIEN

FRAGILE

Villa Merkel
Pulverwiesen 25
Esslingen am Neckar
D-73726
Bonner Kunstverein
August-Macke-Platz
Hochstadenring 22
53119 Bonn

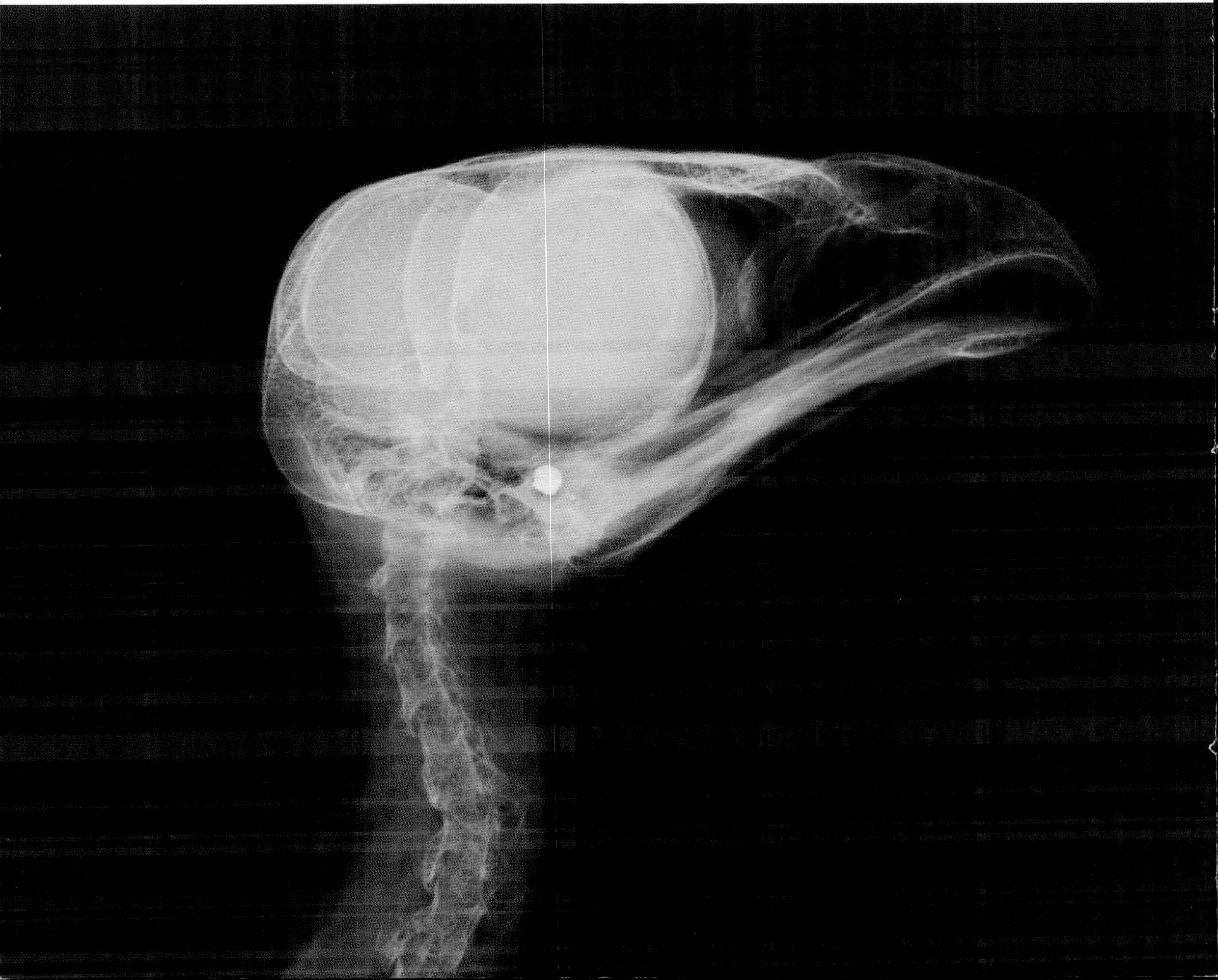

VI
MAMMALOGY

70
A
B C

KEEP DRY

73
A
B

74

A
B

SONY
SPORTS
UP
FRAGILE
Ruhrlandmuseum
Goethestraße 41
D-4300 Essen 1
Germany
OPEN
OTHER
SIDE
UP
FRAGILE
OPEN
OTHER
SIDE

VII

80

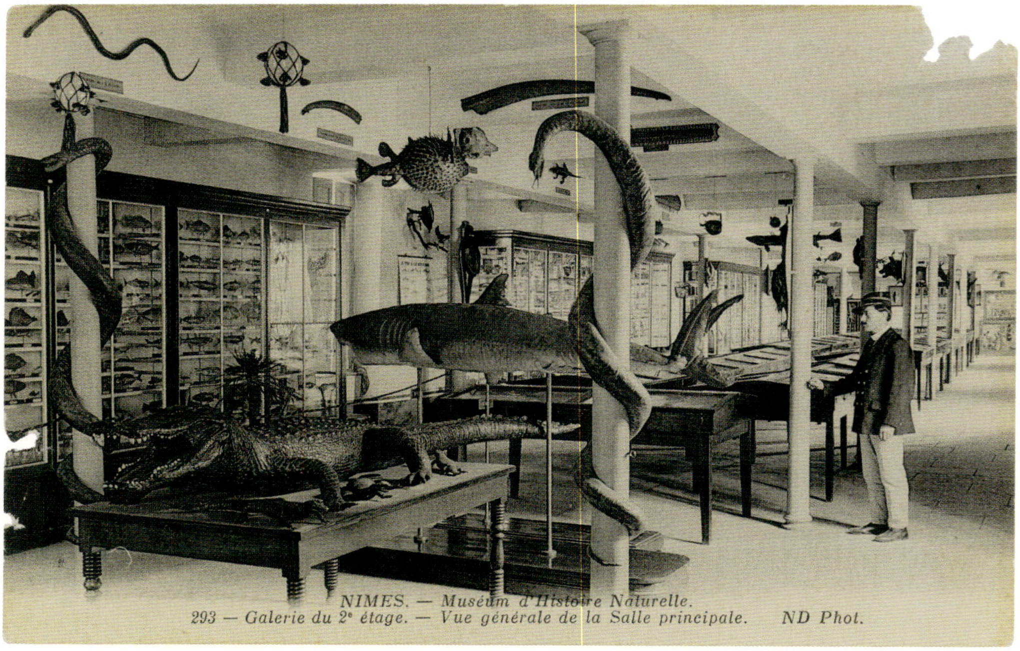
NIMES. — Muséum d'Histoire Naturelle.
293 — Galerie du 2e étage. — Vue générale de la Salle principale. ND Phot.

ESPACES D'ESPÈCES

NATACHA PUGNET

L'histoire naturelle du musée : le titre en forme d'oxymore conféré par Mark Dion à son exposition introduit d'emblée le propos. Car c'est bien une histoire de la monstration qui se dessine ici, dont l'artificialité s'affiche au travers d'une subtile déconstruction. Il n'y a nulle innocence dans le choix de l'œuvre qui accueille le visiteur, et avec laquelle s'achève son parcours. Œuvre à deux mains, *Theatrum Mundi* peut à la fois être considéré comme une synthèse tragi-comique de l'histoire des musées et comme un paradigme de la démarche de l'artiste. Il y est question de collections d'objets, disposées selon des classifications ne relevant d'aucune orthodoxie. *Theatrum Mundi* signale l'échec et la vanité de toute entreprise prétendant offrir une image totalisante du monde. Ce cabinet de curiosités constitue également la forme « microcosmique » et métonymique du déploiement spatial de l'exposition. *L'histoire naturelle du musée* est conçue selon un système de relations conférant à chacun des éléments différents niveaux d'existence. Simultanément révélateurs et trompeurs, ceux-ci agissent à la manière d'opérateurs symboliques.

Depuis les trésors de reliques médiévaux en lesquels ils trouvent leur origine, en passant par les cabinets de curiosités jusqu'aux musées et muséums inaugurés au XIXe siècle, collection et mode d'exposition sont intimement liés[1]. Les « créations » naturelles et artificielles, qui cohabitent dans les collections renaissantes et dans les *wunderkammern*, sont peu à peu dissociées pour être exhibées dans des lieux toujours plus spécialisés. Corollairement s'opère la scission du sacré et du profane, des valeurs esthétiques et scientifiques qui sous-tendaient à part égale les collections encyclopédiques, jusqu'aux Lumières. Malgré les différences d'échelle, de conception et de style, le reliquaire, le meuble vitré ou à tiroirs, le diorama comme l'architecture muséale tout entière constituent autant de vitrines à visée discursive. Isolé, accumulé ou soumis à un classement, l'artefact témoigne de l'évolution d'une pensée théologique à une conception anthropocentrique, rationaliste, puis marchande du monde. Par-delà ces déplacements, le double processus de réification du vivant et de fétichisation de l'objet perdure.

C'est cette construction paradoxale du musée, faite d'exclusions, de frontières dressées entre les genres, de hiérarchies établies entre les espèces, de critères arbitraires présidant aux inventaires et autres taxonomies, que Mark Dion rejoue plastiquement et symboliquement. La transparence supposée de la constitution de l'exposition en spectacle montre son envers, parfois sous forme de

1. Voir Adalgisa Lugli, *Naturalia et Mirabilia. Les cabinets de curiosités en Europe*, Paris, Adam Biro, 2000.

boîtes closes. L'artiste met en lumière la dimension idéologique sous-jacente à ces représentations aussi bien que le caractère proprement humain, voire intimement personnel dont elles sont le produit et le symptôme. Ainsi que l'écrit James Clifford, « en Occident (...) la collection a longtemps été une stratégie pour faire l'étalage d'un soi constitué par la possession d'une culture et d'une authenticité[II] ».

Fort de leur histoire commune, Mark Dion se mue en toutes sortes de collectionneurs, allant ainsi *a contrario* de quelque mise en avant de lui-même. A commencer par les espèces représentées par les conservateurs de muséum, dont le goût pour l'archivage et la classification se trouve imité et perverti. De l'idée de catégorisation, Dion conserve l'apparence, mais pour mieux brouiller les genres. A cet effet, les divers « compartiments » – qui sont autant de territoires consacrés chacun à une discipline – sont composés selon une rhétorique visuelle rigoureuse. Si l'on suit le sens de la visite, les principaux règnes du monde dit naturel sont ordonnés à l'inverse de la hiérarchie aristotélicienne, en commençant par le bas de l'échelle, avec l'inanimé, pour finir par l'Homme. Imitant divers modèles – l'étagère de l'armoire domestique aussi bien que les réserves de musée –, chacun des espaces créés possède un statut ambivalent. A la naïve et mensongère devise « voir, c'est savoir », des expositions universelles du XIXe siècle, l'artiste préfère la complexité et la relativité du « nouer les choses au regard et au discours », selon la formule de Michel Foucault[III]. Du mot, l'artiste renvoie parfois l'image, mais également la chose même, dans sa banalité, sa crudité ou son extrême brutalité. Dion ne pense pas en termes d'antagonisme, mais de dualité : la vérité scientifique et la factualité se confondent avec l'imaginaire et la fiction. A l'instar des « êtres » qui les animent, ses œuvres suscitent tour à tour le doute, la méditation et l'émerveillement.

Collectionnées, les choses deviennent représentations. Il n'est nul besoin pour l'artiste d'en faire un tableau ou une sculpture ; il lui suffit, comme pour toute collection, de les décontextualiser. Chez Mark Dion, le monde « vivant » emblématise efficacement ce principe. Sans valeur scientifique aucune, l'animal naturalisé acquiert le statut de spécimen que confère *ipso facto* sa fixation par des épingles dans des boîtes de verre, ou sa mise en bocal empli de formol. Pourtant cette réification est contrariée, renforcée ou détournée par l'artiste. N'était-ce qu'il s'agit d'un cadavre travesti, le renard naturalisé reposant dans un hamac, museau chaussé de lunettes, semble droit sorti d'un conte pour enfants. Il nous rappelle également notre propre « être animal » et notre bestialité.

Certains squelettes en résine fonctionnent comme des trompe-l'œil, tandis que d'autres cachent cette artificialité sous une autre, telle leur chromatisme moderno-puriste. Ces fac-similés d'ossements sont protégés par des vitrines qui tiennent à la fois du cercueil de verre et des ostentatoires vitrines de magasin. Sans jamais en posséder l'apparence ouvragée et précieuse, ce sont véritablement des reliquaires. Peu importe alors si, à l'instar de nombre de reliques d'église, ce ne sont là que des répliques. Celles-ci ont valeur de symbole, de l'extinction des espèces, mais aussi du devenir-représentation que cette extinction engendre. Plus que des simulacres, ces carcasses sous verre sont montrées comme de pauvres substituts. Fondé sur le désir de connaissance et sur la volonté de conservation, le musée s'est construit sur les ruines du vivant.

Etre collectionneur, c'est aller à la recherche de l'objet convoité : chineur amateur et professionnel, Dion (ou un de ses collaborateurs) sélectionne soigneusement les artefacts, souvent frappés d'obsolescence, qu'il va organiser dans ses cabinets de curiosités. D'autres fois, la collecte relève d'un travail de performance, au cours de laquelle l'artiste se transforme selon les cas en archéologue, en naturaliste explorateur ou en entomologiste. La chasse aux spécimens et la quête du trophée sont ici montrées comme les vestiges comparables d'attitudes anachroniques. L'une bénéficie généralement du respect conféré à la science, l'autre provoque des débats passionnés. Chez Dion, l'édifiante collection de photographies d'ours polaires prises dans différents muséums jouxte le cerf brodé sur une bannière, naïvement criblé de flèches comme, parfois, dans les dessins animés.

II. James Clifford, *Malaise dans la culture. L'ethnographie, la littérature et l'art au XXe siècle*, [1988] Paris, ENSBA, 1996 pour la traduction française, p. 218.
III. Michel Foucault, *Les mots et les choses. Une archéologie des sciences humaines*, Paris, Gallimard, 1966, p. 143.

Les fouilles, elles, sont effectuées dans des lieux improbables, généralement dédaignés par les spécialistes, et les artefacts récoltés sont conservés sans discrimination aucune. Semblablement révélateurs d'une culture, le tesson de faïence du XVIe siècle, la poupée Barbie et la carte téléphonique sont pour Dion également dignes d'intérêt. Tous ont indifféremment statut de *ready-mades* et d'objets trouvés, sans conceptuellement relever de l'une ou de l'autre de ces catégories, l'artiste ne s'arrogeant pas, en la circonstance, le privilège du choix. Du reste, pour qualifier ces « choses », Mark Dion nous laisse le loisir d'appliquer des termes aussi divers qu'objet banal, marchandise, curiosité ou relique.

S'il ne croit définitivement pas à l'origine divine de l'univers – au sommet de ses cabinets, la case réservée au monde divin est toujours vide –, Dion ne confère pas davantage de qualité transcendante aux éléments qui le composent. Par son activité même, l'artiste participe certes au processus de réification et de fétichisation ; il en joue, montrant qu'ils constituent les deux faces contradictoires de notre relation au monde, relation que trahit l'histoire de la collection et du musée. L'aura dont bénéficie l'objet devenu œuvre d'art tient à son auteur, et ceux qu'installe Mark Dion n'échappent pas à la règle. Pourtant, la « main » de l'artiste n'est pas celle d'un alchimiste ou d'un chaman, pas plus que celle d'un démiurge. Chez Dion, les figures héroïques, y compris la sienne, sont retournées en leurs simulacres stéréotypés.

En revanche, Mark Dion utilise tactiquement le phénomène de mythification dont bénéficient à la fois l'explorateur et l'artiste. Parfois devenus les éléments d'une installation, l'on trouve outils et vêtements ayant servi pour une performance. A l'instar du mannequin chasseur de papillons de *Roundup*, ces costumes peuvent être interprétés comme des substituts de l'artiste. Pourtant, contrairement aux tenues de Beuys – le gilet à poches multiples et le costume de feutre –, celles de Dion renvoient à une activité, non à une personne : ce sont aussi bien des panoplies qu'il endosse successivement, pour s'en dépouiller. Alors que Beuys nous présente des éléments façonnés, *touchés* par lui, devenus reliques, Dion nous montre plus modestement des reliquats – *relinquere*, c'est « laisser derrière soi, abandonner ». Ainsi parvient-il à en contrarier la seule matérialité et l'inertie, afin de les faire entrer dans une nouvelle économie visuelle et conceptuelle, fiction réelle et parabole. Toutes portes ouvertes, *Theatrum Mundi* constitue bien une parodie d'exposition et un théâtre : les objets comme les animaux y sont les acteurs d'un spectacle inventé à notre adresse. Au centre de cette fable, le squelette suspendu est sorti de son placard pour une leçon de choses. Mobile dans son cercueil vertical, il oscille entre passé et futur et, par delà le *memento mori*, il est ce qu'il *est*. La pie qui trône au sommet, elle, récolte tout ce qui brille, sans discernement, c'est-à-dire sans hiérarchie. Portrait de groupe et autoportrait, l'ensemble formé par les restes d'un être humain et par un oiseau mort singeant la vie est bien à l'image du travail de Mark Dion. Grave et léger, désenchanté et utopiste, dubitatif et admiratif, l'artiste se camoufle sous bien des figures.

CAMOUFLAGES

ENTRETIEN DE MARK DION AVEC NATACHA PUGNET

NATACHA PUGNET : *Tu as effectué un certain nombre de travaux en des lieux précis, qu'il s'agisse par exemple de la récolte de spécimens dans la jungle amazonienne (*A Meter of Jungle[I]*) ou de la classification d'artefacts trouvés lors de fouilles menées sur les berges de la Tamise (*Tate Thames Dig[II]*). Dans les photographies qui documentent ce que tu nommes « fieldworks », tu es vêtu à la manière d'un explorateur, ou d'un biologiste, par exemple. On ne sait si on doit y voir un autoportrait, l'image de l'artiste au travail ou bien celle d'une performance. Il y a vraiment brouillage entre l'identité de Mark Dion en tant que personne privée, celle de l'artiste et celle du personnage fictionnel que tu joues. Peut-on dire que la figure ainsi créée résulte d'une combinaison d'un personnage et de ta propre personne ?*

MARK DION : Il y a toujours deux figures présentes, moi-même, la « véritable » personne, et le personnage que je projette. Bien que je ne joue pas vraiment, au sens où je n'endosse pas un rôle fictif, j'imite, en reproduisant la méthodologie d'un autre professionnel. Ça ne m'intéresse pas de résoudre la dialectique entre moi-même et mon personnage, car l'imitation ne fonctionne que si le personnage « en scène » reste lui-même. Je suis davantage attiré par les mécanismes de dissimulation : lorsque je travaille avec une institution, le camouflage se révèle être très efficace, car l'imitation répond à l'environnement tout en étant complétée par celui-ci. Le camouflage n'est efficace qu'avec un arrière-plan, et le musée ou la galerie d'art n'en sont pas vraiment un. Travailler dans un musée plutôt que dans un lieu public ou non institutionnel est donc essentiellement plus théâtral ; c'est un peu comme l'autorité que confère le costume. Il est bien entendu possible, grâce à l'installation, de transformer l'espace de la galerie en un lieu tout autre, mais je préfère ne pas trop jouer les illusionnistes. Je ne joue jamais, je suis Mark Dion, l'artiste, qui emprunte les méthodes, les tactiques et les attributs d'une autre discipline. J'espère que le spectateur voit à la fois l'artiste et l'ombre d'une autre figure ; c'est pourquoi il s'agit d'une approche complexe de la performance, à laquelle s'ajoute le fait que le spectateur et moi ne partageons pas le même espace.

NATACHA PUGNET : *Je pense, par différence, aux performances réalisées par Beuys : lorsqu'il dit « soigner » l'angle d'un mur en y apposant de la graisse, il croit à ce qu'il fait et en son*

I. A Meter of Jungle fut exposé en 1992 à Rio de Janeiro, au moment où s'y tenait le premier « Sommet de la Terre ». L'artiste avait prélevé un mètre carré de forêt tropicale et l'avait transporté afin d'étudier « scientifiquement » son contenu dans le musée même, en public.
II. Invité en 1999 par la Tate Gallery, Mark Dion réalisa des fouilles des berges de la Tamise.

pouvoir. Quand bien même il se met très précisément au devant de la scène, on ne peut dire qu'il « joue » un personnage.

MARK DION : Beuys se situe toujours au centre. Il est lui et seulement lui, agit selon une perspective unique, suivant en cela une idée très traditionnelle de l'avant-garde : il est le chef, le chaman. Le titre de chaman est certes très respectable, mais celui de prêtre l'est beaucoup moins. En définitive, il s'agit toujours de Beuys comme médiateur de la vérité.

Or le problème auquel je suis confronté aujourd'hui est que je suis trop identifiable, à tel point que je ne peux plus continuer à me servir de moi-même : comme Beuys, on me voit au centre de mon travail, ce qui est contraire à mes intentions. Du fait de la large diffusion des images qui me représentent, mon travail devient de plus en plus absurde : il s'agit de Mark Dion l'archéologue, de Mark Dion l'entomologue, l'ichtyologue, etc. L'un des aspects majeurs de ma démarche a consisté à considérer la division supposée entre la connaissance et le dilettantisme, pour lequel j'ai un véritable intérêt. J'ai été extrêmement influencé par *Bouvard et Pécuchet* de Flaubert, tout autant que par l'histoire de l'universalisme. Il y a indubitablement des avantages à se servir de soi-même comme d'un outil, mais je doute que ce soit désormais bénéfique. Le plus souvent, on ne perçoit pas l'ironie complexe de mes œuvres, qui jouent avec les limites et la confusion des catégories institutionnelles.

NATACHA PUGNET : Dans certains cas, est-il possible que l'on se méprenne, et que l'on pense avoir affaire à un « véritable » scientifique ?

MARK DION : Je suis toujours étonné de constater à quel point on accorde généralement crédit à l'uniforme. Les gens sont contents de vous conférer une responsabilité. Il est important que le spectateur comprenne qu'il n'est ni vraiment face à un acteur ni vraiment face à une illusion. Je suis toujours là en tant qu'artiste. Je ne prétends jamais être un biologiste, et je pense que dès lors que l'on observe attentivement, on peut voir que je ne possède pas le degré de maîtrise que l'on attendrait d'un scientifique. Mes techniques sont suspectes. Je papillonne, je suis affairé et ne semble jamais avoir tout à fait le contrôle de mon activité. Dans un certain sens, c'est parce que j'apprends tout en faisant. Je ne me conforme pas aux méthodes scientifiques.

NATACHA PUGNET : Cependant, tu joues avec les représentations les plus communes que l'on se fait du scientifique, avec certains clichés visuels. Tu apparais sur fond de laboratoire, en blouse blanche, dans une attitude qui suscite d'emblée le respect généralement accordé à ce genre de fonction.

MARK DION : Oui, mais lorsque j'effectue une activité de type scientifique, il n'y a ni préparation ni méthode ni résultat. Bien que je ne sois pas en train de mener une expérience strictement scientifique, cela y ressemble ; et pour certains, c'est suffisant. La science est la religion actuelle. De la même manière qu'on a pu croire sans restriction en Dieu, on croit aveuglément en la science. Durant des siècles, la cosmologie, la compréhension des origines et de la structure de l'univers ont été dictées par le clergé. Dans les sociétés modernes séculières, ce rôle a largement été usurpé par d'autres experts, les scientifiques. La relation du public à ces groupes d'experts n'a pas fondamentalement changé. De la même façon que les gens se sentaient impuissants à questionner les théologiens, ils se sentent incapables de mettre en doute le pouvoir scientifique. Par conséquent, endosser le rôle d'un scientifique, c'est revêtir les atours du pouvoir. De nombreux artistes qui ont recours à la science manifestent ainsi un attrait pour l'autorité. Je souhaite quant à moi ébranler les certitudes de l'autorité. Pour partie, les situations que je crée sont destinées à montrer cela : je voudrais que le spectateur soit conduit à penser qu'il se trouve dans un cadre institutionnel, et en même temps à voir qu'il y a tromperie. Je joue avec la vérité supposée de la situation. Cependant, dans mon travail, on ne sait jamais exactement ; si c'était toujours une fiction, cela reviendrait au même que si c'était toujours vrai. L'ambivalence est peut-être plus subversive.

NATACHA PUGNET : *Tes photographies correspondent à divers types de productions : la même installation peut être montrée in situ ou être isolée de son contexte d'origine, prenant dès lors un sens autre. Différemment, plusieurs images représentant des éléments multiples se rapportent à une seule action. Il est donc difficile de différencier l'action elle-même des objets et installations auxquels elle donne lieu.*

MARK DION : Dès lors qu'une part du travail relève de la performance, il est difficile de séparer l'image de l'objet (le document) de l'objet lui-même. Ils fonctionnent dialectiquement. Comme dans une œuvre de Beuys, c'est à la fois l'image et la sculpture qui existent en tant qu'artefact de l'*event*. Certains ont des difficultés à comprendre où se situe l'œuvre : est-elle l'objet, le processus ou bien l'image ? Malheureusement, c'est souvent l'objet – la marchandise qui peut être achetée, collectionnée et exposée – qui a la préférence. Cela dit, je pense que c'est la relation complexe où s'articulent tous ces éléments qui fait « l'œuvre d'art ».

NATACHA PUGNET : *Chez toi, il ne s'agit pas simplement de documenter une performance, une action qui a eu lieu, mais de la mettre en scène par le choix d'une photographie précisément choisie, qui oriente notre lecture, et crée le doute. Tu intègres le médium lui-même, comme un écran entre la performance et le spectateur. N'est-ce pas aussi une manière de subvertir, de détourner la performance telle qu'elle s'est développée au cours des années 60 et 70 ?*

MARK DION : Les artistes de cette génération attachaient également beaucoup d'importance à la documentation de leur travail. Beuys, par exemple, contrôlait parfaitement les images de ses actions. J'ai étudié la performance artistique à l'université, mais, étant trop jeune, je n'ai bien entendu pas assisté aux manifestations que tu évoques. Pour ma génération, la performance n'existe que dans un rapport dialectique avec l'image. Mon travail constitue une manière de mettre ce fait en évidence.

NATACHA PUGNET : *Beuys a construit sa « mythologie personnelle » en partie au moyen des photographies, ce qui n'est pas ton cas.*

MARK DION : Beuys est mû par son ego. Ma situation est différente. Mais pour être tout à fait honnête, je me suis manifestement servi du pouvoir conféré à l'image de l'artiste à des fins particulières.

NATACHA PUGNET : *Tu as été qualifié d'artiste écologiste, puis d'artiste des sciences naturelles. Les photographies où tu apparais visent-elles également à brouiller l'image que l'on se fait de toi et de ton travail ? En d'autres termes, tu sembles jouer avec la véracité supposée du médium photographique de la même manière qu'avec le crédit accordé à la science.*

MARK DION : J'ai entamé les projets archéologiques largement afin d'échapper à cela : j'étais « l'artiste des sciences naturelles ». Le fait que l'on attende quelque chose de précis d'un artiste limite ses possibilités. Je me suis donc intéressé à des disciplines totalement différentes, à la manière dont j'avais auparavant détourné la zoologie. Je me suis servi de moi-même car ces œuvres, fondées entre autres sur un travail de fouille, de récolte et de classement de spécimens et d'artefacts, relèvent de la performance, mais d'un autre genre que ce qui s'est fait auparavant. L'utilisation qu'ont fait les artistes de leur propre corps m'a toujours intéressé. Aujourd'hui, les photographies montrant Pollock en train de peindre supplantent la primauté des œuvres elles-mêmes. Des artistes tels que Beuys, Acconci et Burden ont toujours entretenu une relation complexe avec la documentation du processus artistique. Il est indispensable de porter un regard très lucide sur l'usage que vous faites de vous-même et de votre image. Il faut l'utiliser productivement, et non en être victime. Pour chacune de mes réalisations, je possède des centaines de photographies, et je n'en choisis qu'une ou deux, de façon très concertée.

NATACHA PUGNET : *On peut donc supposer que les photographies qui sont publiées dans un livre ou dans un catalogue sont à dessein choisies aux fins de créer une ambiguïté entre réalité et fiction.*

MARK DION : Oui, en effet. Les photographies prises sur le terrain doivent sembler familières. Elles doivent ressembler à celles qui sont publiées dans la revue *National Geographic*, ou dans les articles consacrés à Cousteau. Leur style correspond à ce que l'on attend de ce type d'images. Et si elles sont reproduites plusieurs fois, elles deviennent en quelque sorte le reportage « officiel » de l'expédition ou de la fouille. Elles donnent l'impression que cela a « existé », s'est effectivement déroulé, quand bien même ce ne serait pas le cas. Quant aux autres images, c'est une question de contexte, de « fond ». Si je modifie l'arrière-plan, je change aussi de camouflage : un vêtement destiné à une expédition dans le désert n'est pas crédible lorsqu'il est porté dans la jungle. D'autres fois, le costume est le même, mais en fonction de l'environnement, il pourra répondre à différentes situations.

NATACHA PUGNET : *Peux-tu toujours contrôler l'usage qui est fait de ces photographies ? N'existe-t-il pas un risque qu'elles donnent lieu à des interprétations totalement erronées du travail ?*

MARK DION : Dans les descriptions publiées par la presse populaire ou par les revues de presse, je suis souvent vu comme un explorateur, un archéologue, etc. Dans les ouvrages portant sur mes différentes « expéditions » et fouilles ou bien dans mes expositions, ce n'est jamais le cas. Cependant, le pouvoir de ces disciplines et de l'institution scientifique, allié à celui de l'image, est plus puissant que mes désirs. La distance entre les visées du travail et ce qui en est diffusé par des approches de type journalistique est aujourd'hui un fait. Il est donc nécessaire de ne plus apparaître « au centre ».

NATACHA PUGNET : *Lorsque tu mets en scène des substituts représentant Cuvier et Disney comme figures d'autorité, fais un inventaire des ours polaires tels qu'ils sont mis en scène dans différents muséums d'histoire naturelle (*Polar Bears - Ursus Maritimus*), ou montres des bureaux vieillots (*History Trash Scan*), tu effectues une critique ironico-tragique de l'autorité et du pouvoir scientifiques et des discours institutionnels en général. Cette critique s'appliquerait-elle également à l'artiste ?*

MARK DION : Oui, c'est précisément cela. La difficulté est de mettre en question la volonté de pouvoir, de la refuser, et en même temps de prendre position. Le type d'autorité le plus manifeste chez un artiste apparaît lorsque sa démarche est liée à la science. L'artiste tire dès lors simultanément son autorité de l'art et de la science, cette forme de cosmologie contemporaine. Il y a un tel degré d'inculture scientifique dans le travail artistique, que quoique les artistes en disent, il a valeur de vérité. Telles que je les mets en œuvre, l'image du scientifique et celle de l'artiste sont similaires. A l'instar du scientifique, l'artiste ne saurait englober toutes sortes de disciplines. Il lui est impossible de détenir cette autorité. Nombre de mes projets tentent de susciter questionnement et scepticisme chez le spectateur. Une large part de mon travail vise à aller contre toutes les formes d'autorité, y compris celle de l'art.

NATACHA PUGNET : *On peut comprendre les différents rôles que tu incarnes comme autant de masques qui font éclater ton image. Mais ne peut-on y voir a contrario une façon de te mettre en avant ?*

MARK DION : Au début, il était très important que je me montre, mais dans différent rôles, correspondant à diverses disciplines. C'était une sorte de jeu. En me présentant un jour comme archéologue, un autre comme explorateur, je sapais ma prétendue autorité. Cependant, si j'avais fait cela trop souvent, j'aurais fini par établir ma propre autorité en tant que personne capable de maîtriser ces différentes disciplines. En quelque sorte, je crée « Mark Dion l'encyclopédiste ». Par conséquent, l'identité qu'originellement j'arrivais à faire éclater a fini par se cristalliser autour de la personne de l'artiste. Il devient donc évident que cette démarche arrive à son terme. J'aimerais réaliser des performances, sans les jouer moi-même.

NATACHA PUGNET : *Pourtant, dans de nombreuses réalisations, le processus est aussi important que le résultat lui-même. Le fait d'avoir à demander à d'autres d'effectuer l'activité – qu'il s'agisse de la collecte et du classement, etc. des éléments de l'installation finale – ne te semble-t-il pas contradictoire ?*

MARK DION : Dès mes premiers travaux, j'étais extrêmement conscient de m'utiliser comme un instrument, tout particulièrement s'agissant de la documentation. Il existe une longue tradition iconographique montrant l'artiste au travail, depuis Pollock, Smithson, Beuys, et bien d'autres encore. Pour la presse artistique et les historiens d'art, ces images sont un peu comme des bonbons pour les enfants – tout simplement irrésistibles ! J'ai exploité ce créneau très soigneusement, en ayant le contrôle total des images que j'ai laissées circuler. Le résultat a été de me propulser en tant qu'artiste. Aujourd'hui, cette stratégie est contre-productive pour ma pratique. Au début, je me suis servi de moi et de mon image pour interroger les signes de l'autorité. Mais au bout d'un certain temps, de toutes ces tentatives, ce qui l'a emporté, c'est qu'on y a vu l'artiste Mark Dion au centre. Bref, je suis devenu l'autorité que je cherchais à ébranler. Il me semble que si j'en appelle à d'autres personnes afin de me représenter, je peux éviter certains inconvénients de ce piège.

NATACHA PUGNET : *As-tu déjà tenté cette expérience ?*

MARK DION : Oui, l'artiste Kate Wall, par exemple, est devenue le conservateur-archéologue du projet que j'ai conçu pour le Queens Museum of Art, à Flushing Meadow. Elle a effectué tout le travail, récoltant et nettoyant les objets. Et je peux imaginer que certains artistes, comme Carole Schneeman, exécutent une de mes performances, à la manière dont un musicien interprète une partition musicale. L'artiste n'a pas besoin d'être au centre. Cette tentative a constitué une mise en question des méthodes auxquelles j'avais jusque-là recouru. Elle a réussi, démontrant que l'action peut exister indépendamment de ma personne. Car je ne veux pas parler de moi-même.

NATACHA PUGNET : *Tes photographies soulèvent également la question de l'autoportrait. Comment te situes-tu par rapport à cette tradition ?*

MARK DION : Les artistes font usage d'eux-mêmes comme d'un matériel. En me déguisant, comme Rembrandt a pu le faire pour ses propres autoportraits, je poursuis cette tradition. Mais ce qui m'intéresse davantage, c'est le côté subversif de cette tradition. L'autoportrait du peintre en peintre ou celui du sculpteur se représentant en train de sculpter ne m'intéressent pas. D'ailleurs, je travaille fréquemment à ces « portraits » avec d'autres artistes. Parfois je les dirige, d'autres fois je sélectionne ce qu'ils ont réalisé, ou bien encore, ils assument entièrement la conception de ces prises de vue. Bob Braine, Jorge Colombo, Marya Davey et Dana Sherwood ont tous travaillé avec moi à la production de ces images.

NATACHA PUGNET : *Pour* Roundup : an Entomological Endeavor for the Smart Museum of Art[III], *tu as présenté un mannequin vêtu à la façon d'un explorateur-chasseur de papillons. En l'absence de traits, son visage reste anonyme. Il est cependant chaussé de lunettes semblables aux tiennes, ce qui incite à l'interpréter comme un autoportrait.*

MARK DION : Le mannequin, – du type de ceux utilisés dans les muséums – renvoie à une activité, à un processus, en l'occurrence la « chasse aux insectes » à laquelle mes collaborateurs et moi-même nous étions livrés au sein du musée. Au Smart Museum of Art, l'exposition comportait également un « laboratoire » où les spécimens récoltés étaient classés et photographiés. Cet ensemble de photographies était montré comme le résultat du processus. A l'instar des insectes, le mannequin était (et est toujours) un spécimen, c'est-à-dire un individu supposé représenter la totalité de l'espèce. Or il s'agit d'un rôle impossible.

NATACHA PUGNET : *Ce n'est donc pas, là non plus, un véritable autoportrait.*

MARK DION : C'est moi en tant que personnage. Mes autoportraits sont toujours des personnages. C'est un peu comme mon idéal platonicien.

NATACHA PUGNET : *La psychologie semble absente des figures que tu crées : ce sont des types généraux plus que des individus. Quelle en est la raison ?*

MARK DION : Je ne suis pas certain que le fait que j'incarne davantage un type qu'un individu signifie que toute psychologie est absente de mon travail. En particulier lorsque le type créé est lui-même avare, obsessionnel et possède une relation compulsive à l'ordre. Ce sont des tendances extrêmes, qu'en tant que personne, je n'ai pas. Cependant, ce sont certainement des aspects de ma personnalité, qui se manifestent sous des formes légères et non névrotiques. Il est possible que mes rôles soient simplement une amplification, extrêmement magnifiée, des tendances de ma personnalité.

NATACHA PUGNET : *Outre la relation qu'ils entretiennent avec l'histoire du Musée, les nombreux cabinets de curiosités que tu as réalisés traitent diversement de la collection et du classement. Peut-on y déceler une dimension autobiographique ?*

MARK DION : Je fais toujours deux sortes de collections : l'une est ma propre collection, l'autre rassemble les choses dont j'ai besoin pour mon travail. Lorsqu'il s'agit de la réalisation d'une œuvre, je peux être extravagant ; en revanche, je suis très économe lorsqu'il s'agit de mes objets personnels. Je ne suis pas obsessionnel mais plutôt pragmatique. Je garde le contrôle… Pour le travail, ma collection est très précisément orientée. Je ne saurais expliquer exactement pourquoi je vais choisir tel marteau, par exemple, plutôt qu'un autre. Ça ne peut s'expliquer qu'en termes de sensibilité. J'accumule des objets qui ont une patine d'usage, mais c'est bien plus que cela. Ce qu'il y a d'étonnant, c'est que certains assistants, les meilleurs – Lenka Clayton, William Purcell ou Dana Sherwood – comprennent exactement ce dont j'ai besoin, et trouvent l'objet qui fonctionnera parfaitement au sein de l'installation, alors que d'autres n'y arrivent jamais. L'œuvre que j'ai réalisée avec J. Morgan Puett, vient très directement de ma collection de photographies du XIXe siècle[IV]. Je possède une grande quantité d'objets, car je suis avant tout un visuel. Tout m'inspire : les objets, les photographies, les images, autant que les livres d'histoire, de littérature et de philosophie. Je déteste les espaces vides ; pour moi, une maison doit être remplie de choses. Je n'ai pas honte, je n'ai aucune

III. On peut traduire le titre par « *La rafle : une tentative entomologique* ».
IV. The Ladies Field Club of York, Impressions Gallery, York, 1998.

intention de me soigner ni de changer mes habitudes. Je préfère les objets qui sont passés par d'autres mains. Je ne suis qu'un moment de leur vie, ils ne finiront pas avec moi, je ne suis qu'un possesseur temporaire. Dans un musée au contraire, les choses disparaissent dans les réserves et, la plupart du temps, on ne les revoit plus. Elles deviennent figées, perdent leur valeur d'usage.

NATACHA PUGNET : *Cet aspect biographique du travail est-il visible pour quelqu'un qui ne te connait pas ?*

MARK DION : Si tu observes mon œuvre, tu peux te rendre compte qu'elle vient de quelqu'un qui sait ce qu'est collectionner. Lorsque je regarde une œuvre ancienne d'Arman ou de Daniel Spoerri, je me dis qu'ils ont un œil de chineur remarquable. Bien sûr, ma passion de la collection est liée à ma production, parce que celle-ci est en relation avec les objets qui m'intéressent. Très souvent, j'achète deux objets merveilleux identiques, l'un qui fera partie d'une œuvre, l'autre que je conserve pour moi. Chaque réalisation acquiert une dimension biographique, dans la mesure où je me rappelle à quel endroit et avec qui j'ai acquis chacun des objets, quel est son prix, si j'ai du le réparer ou le modifier. Ça n'est pas quelque chose que le public peut partager, mais nous avons tout un tas de bons souvenirs en commun avec ceux avec qui j'ai travaillé.

NATACHA PUGNET : *L'humour et l'ironie sont omniprésents dans ton œuvre. Cela constitue-t-il une mise à distance de la création, une sorte de parodie semblable à celle que tu effectues d'autres activités ? Est-ce aussi une manière de ne pas prendre l'artiste trop au sérieux ?*

MARK DION : Certainement. Je pense aussi que je suis moi-même un élément de la création : je me suis inventé en tant que figure comique. Je suis une sorte de personnage insaisissable et imparfait au sein de mon propre travail. Je ne suis pas physiquement bâti pour être un grand aventurier... Les photographies qui me montrent dans les tropiques au sommet d'une colline, dans un lieu très reculé, sont vraiment comiques. L'humour vient selon moi d'une sorte de stratégie de la rupture, qui permet de faire passer les aspects politiques – les plus didactiques – du travail. L'humour permet de dire et de faire certaines choses difficiles à exprimer de manière directe.

NATACHA PUGNET : *Penses-tu avoir un rôle social politique et une mission pédagogique ?*

MARK DION : La fonction didactique de l'art ne me pose aucun problème. L'une des raisons pour lesquelles je travaille en relation avec les muséums d'histoire naturelle, est qu'ils sont des lieux à vocation pédagogique. Me tenir dans l'ombre du muséum me permet d'être didactique sans tomber dans un discours excessivement moralisateur, et donc sans prêter le flanc à la critique. Je ne mets pas réellement en lumière des solutions, que je n'ai d'ailleurs pas, mais je mets en évidence les problèmes. Je me situe à la suite des artistes qui n'ont pas eu peur d'avoir un rôle social.

NATACHA PUGNET : *Ton dessein est sérieux, mais la façon dont tu traites de certaines failles du discours et des méthodes scientifiques aussi bien qu'écologistes notamment, est subtilement ironique.*

MARK DION : Oui, beaucoup pensent que je mets à profit une sorte de stratégie de l'absurde, mais mon but n'est pas absurde. Je m'inscris dans la tradition de la parodie politique. Mon intention n'est pas d'évacuer la signification et je ne voudrais pas tomber dans le piège du relativisme postmoderne qui nie toute possibilité de systèmes de vérité. Le recours à la satire et à la parodie constitue pour moi une tactique.

NATACHA PUGNET : *Tu délègues souvent la totalité de la réalisation de tes installations à des assistants, en leur fournissant des dessins qui ne donnent que l'idée générale de l'œuvre. En même temps, ton travail est fondé sur la précision des détails. Comment arrives-tu à concilier ces deux attitudes ?*

MARK DION : Il y a plusieurs façons d'envisager la question. Tout d'abord, mes productions intègrent souvent des archétypes. Par exemple, il existe de nombreux projets dans lesquels j'étudie l'architecture vernaculaire. Je réalise un dessin extrêmement général, simplifié, de telle sorte que l'équipe en charge de bâtir la construction, qui est locale, puisse résoudre le problème à sa manière, en suivant les traditions. Ainsi, j'obtiens une architecture vraiment vernaculaire, et non l'idée que je m'en fais. Ensuite, bien que je sois un fabricant expérimenté et que je possède des compétences techniques – j'ai travaillé durant des années pour Ashley Bickerton –, je ne peux tout faire moi-même. Même si je sais réaliser une céramique, je ne suis pas pour autant potier, et si je suis capable de mouler de la résine, je ne le ferai jamais aussi bien qu'un spécialiste. Il est plus facile d'embaucher un professionnel que d'apprendre le métier. Enfin, je n'ai pas d'atelier, pas plus que je n'ai le temps de réaliser mes œuvres. Ce que je fais, c'est acheter des trucs. Certains artistes peignent, certains impriment, d'autres sculptent, et moi, j'achète. Mes dessins sont toujours suffisamment généraux pour que les artisans aient la liberté d'employer les techniques et les solutions locales. L'esthétique de mes travaux est souvent dictée par le pragmatisme.

NATACHA PUGNET : *La délégation n'est-elle qu'un aspect pratique ? Si tu avais davantage de temps et moins de projets, si tu étais moins sollicité, réaliserais-tu toi-même l'ensemble du travail ?*

MARK DION : Je pense que déléguer est quelque chose d'important. Il est essentiel que le travail ne soit pas ancré, lié à moi. Je ne veux pas qu'il repose entièrement sur mes idées. Par conséquent, l'interprétation ne peut se réduire à la biographie ou à la subjectivité de l'artiste, qui ne sont pas vraiment intéressantes. C'est une question que j'aime aborder avec les étudiants. Lorsque je leur dis que « je n'ai aucune relation physique avec mon travail », cela met en évidence ce problème. Cela souligne le fait qu'il s'agit d'une position idéologique, d'un engagement relatif à l'art en tant qu'idée. Je ne « fais » pas de l'art parce que je prends plaisir au faire, ou bien parce que je pense que le monde doit connaître ma biographie. Je le fais pour d'autres raisons. Cela implique en quelque sorte un choix politique. Mais pour les artistes de ma génération, faire fabriquer par autrui n'est plus un questionnement artistique. J'ai toujours eu le sentiment que c'était une question résolue avant même que je mette les pieds à l'université. Ça a été réglé au cours des années 60 et 70, par des artistes que j'ai admiré bien avant de participer moi-même au discours productif sur l'art. Je crois encore qu'il y a des enjeux politiques. Recourir à des assistants ou à des artisans est toujours important de nos jours, car nous revenons à certaines idées conservatrices. En effet, les idées mêmes contre lesquelles les artistes de la génération 60-70 se sont battus, persistent : le cliché de l'humanisme et de l'artiste en tant que figure héroïque.

Marseille, avril 2005

NATURGESCHICHTE DES MUSEUMS

NATACHA PUGNET

Das Oxymoron, mit dem Mark Dion seine Ausstellung betitelt, sagt schon das Wesentliche: Es geht um das Ausstellen und seine Geschichte, vor allem aber um seine Künstlichkeit, die mit dem Mittel subtiler Dekonstruktion anschaulich gemacht wird. So ist es keineswegs absichtslos, wenn *Theatrum mundi* den Besucher am Beginn des Rundgangs empfängt und am Ende wieder verabschiedet. Man kann dieses „Werk zu vier Händen" als tragikomische Synthese der Museumsgeschichte verstehen, es ist aber auch beispielhaft für die Arbeitsweise des Künstlers. Das Thema von *Theatrum mundi* ist das Sammeln von Objekten. Dadurch, dass es diese nach höchst unorthodoxen Kriterien anordnet, veranschaulicht es die Vergeblichkeit und Nutzlosigkeit aller Bemühungen, eine Zusammenschau der Wirklichkeit bieten zu wollen.

Dieses Kuriositätenkabinett widerspiegelt außerdem bildhaft und „en miniature" die räumliche Anordnung der Ausstellung. Die *Naturgeschichte des Museums* ist nach einem System von Beziehungen konzipiert, das den einzelnen Elementen mehrere Existenzebenen zuordnet. Sie werden dadurch zu symbolischen Operatoren, offenbaren und täuschen zugleich.

Schon in den mittelalterlichen Reliquien-Schatzkammern, der Urform unserer Museen, genauso wie in den Kuriositätenkabinetten und den im 19. Jahrhundert gegründeten Pinakotheken und Naturkundemuseen, standen Sammlung und Art der Präsentation stets in engem Zusammenhang[I]. Die natürlichen und künstlichen „Schöpfungen", die in frühen Kollektionen und Wunderkammern noch einträchtig nebeneinander standen, wurden nach und nach getrennt, um an geradezu ausgefallenen Orten ausgestellt zu werden. In der Folge vollzog sich die Scheidung einerseits von Sakralem und Profanem, andererseits von ästhetischen und wissenschaftlichen Werten, die noch in den enzyklopädischen Sammlungen der Aufklärung gleichermaßen bestimmend waren. Jenseits aller Unterschiede in Größenordnung, Konzeption oder Stil sind im Grunde Reliquiar, Glasschrank, Schubladenmöbel, Diorama und die gesamte Museumsarchitektur immerzu Vitrinen, die belehren wollen. Ob vereinzelt, gruppiert oder in ein Ordnungssystem eingefügt, das Artefakt zeugt stets von der Entwicklung eines theologischen Denkens hin zu einer Weltsicht, die erst anthropozentrisch, dann rationalistisch, schließlich wirtschaftlich bestimmt ist. Von diesen Verschiebungen unberührt bleibt der doppelte Prozess der Reifizierung des Lebendigen und der Fetischisierung des Objekts.

I. Siehe Adalgisa Lugli, *Naturalia et Mirabilia. Les cabinets de curiosités en Europe.* Paris, Adam Biro, 2000.

Es ist diese paradoxe Konstruktion des Museums, die ausschließt, Grenzen zieht zwischen den Genres, Hierarchien einführt unter den Arten, willkürliche Kriterien walten lässt bei Inventaren und anderen Taxonomien, die Mark Dion plastisch und symbolisch nachgestellt hat. Die vermeintliche Durchschaubarkeit der Ausstellungsinszenierung zeigt ihre Kehrseite bisweilen in Form unzugänglicher Behältnisse. Der Künstler bringt die untergründig ideologische Dimension des Gezeigten ans Licht, aber auch den eigentlich menschlichen, sogar intim persönlichen Charakter, von dem die Werke zeugen. Wie James Clifford schreibt: „Im Westen war die Kunstsammlung lange Zeit eine Strategie, um ein auf den Besitz von Kultur und Authentizität gründendes Selbst zur Schau zu stellen".[II]
Als einer, der das Metier von innen kennt, schlüpft Mark Dion in die Gestalt der verschiedensten Sammlertypen, die alle dem, was man bei ihm selbst erwarten würde, diametral entgegengesetzt sind. Da ist der Typus des Museumskonservators, dessen Hang zum Archivieren und Klassifizieren er imitiert und gleichzeitig pervertiert. Vom Klassifizieren bleibt der äußere Schein, doch nur um die Genregrenzen um so mehr zu verwischen. So sind die unterteilenden „Fächer" – sie sind die reservierten Bereiche der einzelnen Disziplinen – nach einer rigorosen visuellen Rhetorik angeordnet. Folgt man der angegebenen Besichtigungsrichtung, so begegnen einem die Hauptkategorien der sogenannten natürlichen Welt in genau umgekehrter Reihenfolge wie in der aristotelischen Hierarchie: zuerst kommt das Unterste, das Unbelebte, und am Schluss steht der Mensch. Verschiedenen Modellen nachempfunden – der Inneneinteilung eines häuslichen Schranks ebenso wie den Lagern in Museumskellern –, besitzt jeder der geschaffenen Räume einen ambivalenten Status. Statt mit der so naiven wie verlogenen Devise „Sehen ist Wissen" der Weltausstellungen des 19. Jahrhunderts hält es der Künstler mit der Komplexität und Relativität des Foucaultschen Anbindens[III] der Dinge an das Sehen und Reden. Dem Wort lässt er manchmal ein Bild entsprechen, manchmal auch die Sache selbst, in ihrer ganzen Banalität, Derbheit oder extremen Brutalität. Dion denkt nicht in Antagonismen, er will Dualität: wissenschaftliche Wahrheit und Faktualität fallen in eins mit dem Imaginären und der Fiktionalität. Wie die „Wunderwesen", die seine Werke bevölkern, bringen uns diese zum Nachdenken, Zweifeln, Staunen.
Als Sammlungsobjekt werden die Dinge zu Abbildern. So braucht der Künstler weder ein Bild zu malen noch eine Skulptur zu schaffen, es genügt, wenn er, wie es jede Sammlung tut, die Objekte aus ihrem Kontext löst. Dieses Prinzip wird von Mark Dion wirkungsvoll mit der „lebenden" Welt emblematisiert. Auch ohne jeden wissenschaftlichen Wert erwirbt das präparierte Tier den Status eines Gattungsexemplars, den ihm *ipso facto* das Anpinnen mit Stecknadeln in Glaskästen oder das Einlegen in mit Formalin gefüllte Glasbehälter verleiht. Diese Reifizierung wird vom Künstler freilich durchkreuzt, verstärkt, umgebogen: Wenn er nicht ein präparierter Kadaver wäre, könnte der ausgestopfte Fuchs in der Hängematte mit seiner Brille auf der Schnauze direkt einem Kinderbuch entsprungen sein. Er erinnert uns auch an unsere eigene „Animalität" und Bestialität.
Einige Skelette aus Kunstharz wirken wie ein Trompe-l'œil, während andere ihre Artifizialität hinter einer zweiten verbergen, etwa ihren modern-puristischen Chromatismus. Diese Gebein-Faksimiles sind geborgen in Vitrinen, die an Glassärge und gleichzeitig an schreierische Schaufenster erinnern. Ohne je deren kostbares, kunstvoll gearbeitetes Äußeres zu haben, sind sie dennoch Reliquiare. Dass die Gebeine, wie nicht wenige Reliquien in Kirchen, bloße Repliken sind, ist völlig unwichtig. Sie haben ihren Symbolwert, für das Artensterben ebenso wie für das Abbild-Werden, das auf dieses Sterben folgt. Sie sind nicht einfach Imitate, sondern armselige Substitute, feierlich unter Glas präsentiert. Das sich auf Wissensdurst und Bewahrungswillen berufende Museum ist auf den Trümmern des Lebens erbaut.
Sammler sein heißt, sich auf die Suche nach dem begehrten Objekt begeben: Als Trödelliebhaber und professioneller Sammler wählt Dion (oder ein Mitarbeiter) die oftmals altmodischen Artefakte sorgfältig aus, um mit ihnen seine Kuriositätenkabinette zusammenzustellen. Manchmal stammt das Sammelstück auch aus einer Performance, bei der der Künstler mal zum Archäologen, mal zum

II. James Clifford, *The predicament of culture : twentieth-century ethnography, literature and art.* Cambridge, Mass., Harvard Univ. Press, 1988.
III. Michel Foucault, *Les mots et les choses. Une archéologie des sciences humaines*, Paris, Gallimard, 1966, p. 143.

Botaniker, mal zum Insektenforscher mutiert ist. Das Hinterherjagen nach Exemplaren und Trophäensammeln erscheint hier als Relikt von anachronistischen Verhaltensweisen. Das eine beschert in der Regel wissenschaftliches Prestige, das andere liefert Stoff für spannende Diskussionen. Bei Dion nähert sich die rührende Sammlung von Eisbären, die er in verschiedenen Museen fotografiert hat, den Wandteppich mit dem gestickten Hirsch auf der Waldlichtung, naiv von Pfeilen durchbohrt wie in manchen Zeichentrickfilmen.

Seine archäologischen Grabungen führt er an wenig erfolgversprechenden Stellen durch, an denen sonst kaum ein Spezialist gräbt, und die gemachten Funde werden ohne jeden Unterschied aufbewahrt. Da alle gleichermaßen Zeugnisse einer Kultur sind, kommt einer Porzellanscherbe aus dem 16. Jahrhundert nicht höhere Bedeutung zu als einer Barbiepuppe oder einer Telefonkarte. Alle haben den Status von *ready-mades* und Fundstücken, ohne konzeptuell dieser oder jener Kategorie zugeordnet zu werden, denn der Künstler maßt sich hier kein Privileg der Bewertung an. Im übrigen lässt uns Mark Dion frei, wie wir diese „Dinge" benennen wollen, er gibt uns so unterschiedliche Begriffe an die Hand wie Alltagsgegenstand, Handelsware, Kuriosität, Reliquie.

So wenig Dion an einen göttlichen Ursprung des Universums glaubt – in seinen Kabinetten bleibt das oberste, der göttlichen Welt zugewiesene Fach stets leer –, so wenig schreibt er den Elementen, aus denen es besteht, transzendente Qualität zu. Zwar beteiligt sich der Künstler durch seine Tätigkeit selbst an der Reifizierung und Fetischisierung; er spielt damit und zeigt, dass das eine wie das andere Kehrseiten unserer Beziehung zur Welt sind, einer Beziehung, die auch in der Geschichte des Museums zutage tritt. Die Aura, die das zum Kunstwerk gewordene Objekt umgibt, rührt vom Schöpfer her, das gilt auch für die von Mark Dion installierten Gegenstände. Gleichwohl ist die „Hand" des Künstlers keine Alchemisten- oder Schamanenhand, noch weniger die Hand eines Demiurgen. Bei Dion werden die heroischen Gestalten, einschließlich der seinen, in ihr stereotypisiertes Idol verkehrt.

Das Phänomen hingegen, dass sowohl der Forscher als auch der Künstler von einem Mythos profitieren, wird von Mark Dion taktisch verwendet. So können Werkzeuge und Kleidungsstücke aus einer Performance später in eine Installation eingehen. Man kann dann die Kostüme, wie etwa beim Schmetterlingsfänger in *Roundup*, als „Platzhalter" des Künstlers verstehen. Doch anders als bei den Kleidungsstücken von Beuys – Weste mit vielen Taschen, Filzhut – verweisen Dions Kostüme nicht auf eine Person, sondern auf ein Tun: Sie sind Verkleidungen, in die er von Fall zu Fall geschlüpft ist, um sie danach wieder abzulegen. Während Beuys von ihm bearbeitete, *berührte* Gegenstände präsentiert, zeigt uns Dion bescheidener Reliquate, „Zurückgebliebenes" – *relinquere* heißt „hinterlassen, zurücklassen". So gelingt es ihm, deren bloße Materialität und Leblosigkeit zu durchbrechen und sie, als reale Fiktion und Parabel, in eine neue visuelle und konzeptuelle Ökonomie eingehen zu lassen.

Mit seinen weit geöffneten Türen wird *Theatrum Mundi* zur Parodie der Ausstellung und des Theaters: Die Gegenstände und Tiere darin sind die Darsteller in einem Spiel, mit uns als Publikum. Im Zentrum der Fabel tritt das beweglich aufgehängte Skelett für eine *leçon des choses* aus seinem Schrank heraus. In seinem vertikalen Sarg pendelt es zwischen Vergangenheit und Zukunft, und über das *memento mori* hinaus ist es schlicht das, was es ist. Ganz oben sitzt eine Elster: sie sammelt alles, was glänzt, unterschiedslos und frei jeder Ordnung. Dieses Ensemble aus den Überresten eines Menschen und eines toten Vogels, der das Leben nachäfft, ist Gruppenporträt und Selbstporträt zugleich, und ganz Mark Dion: ernst und frivol, desillusioniert und utopistisch, zweifelnd und bewundernd – der Künstler versteckt sich hinter vielerlei Gestalten.

TARNUNGEN

NATACHA PUGNET, EIN GESPRÄCH MIT MARK DION

NATACHA PUGNET: *Einige deiner Arbeiten hast du an geradezu ausgefallenen Orten ausgeführt: Im Amazonas-Dschungel hast du Pflanzen geborgen* (A Meter of Jungle[I]), *und bei Grabungen am Themse-Ufer hast du die dort gefundenen Artefakte klassifiziert* (Tate Thames Dig[II]). *Auf den Fotografien, die diese „Fieldworks", wie du sie nennst, dokumentieren, bist du angezogen wie ein Forscher, zum Beispiel wie ein Archäologe oder Biologe. Man weiß nicht recht, ob man es als Selbstporträt, als Bild des Künstlers bei der Arbeit oder als Performance-Bild nehmen soll. Die Identitäten werden vermengt: Ist das Mark Dion als Privatperson, als Künstler oder als Darsteller einer fiktiven Rolle? Kann man sagen, dass die geschaffene Gestalt eine Kombination aus einer gespielten Figur und deiner eigenen Person ist?*

MARK DION: Es sind immer zwei Figuren da: die „echte" Person, also ich selbst, und die Gestalt, die ich projiziere. Obwohl ich nicht wirklich spiele, also nicht in eine fiktive Rolle schlüpfe, verkörpere ich etwas, indem ich die Methodik eines anderen Spezialisten imitiere. Die Dialektik zwischen mir selbst und meiner Figur ist für mich uninteressant, denn das Verkörpern funktioniert nur, wenn der Darsteller „auf der Bühne" sich selbst bleibt. Mich interessieren vielmehr die Mechanismen der Verschleierung: Wenn ich mit einer Institution arbeite, ist die Tarnung am effektivsten, denn die Mimikry reagiert auf die Umgebung und profitiert gleichzeitig von ihr. Die Tarnung funktioniert nur, wenn ein Hintergrund da ist, und Museen oder Galerien sind kein richtiger Hintergrund. Wenn man im Museum statt auf öffentlichem, institutsfernem Gelände arbeitet, wird alles viel theatralischer, man profitiert sozusagen vom Kostüm. Natürlich kann man, und das ist der Vorteil der Installation, den Galerieraum in einen völlig anderen Raum verwandeln, aber ich spiele nicht so gern den Illusionisten. Ich spiele überhaupt nie, ich bin immer Mark Dion, der Künstler, der einer anderen Disziplin ihre Methoden, Vorgehensweisen und Kennzeichen entlehnt. Meine Hoffnung ist, dass der Zuschauer den Künstler und gleichzeitig die Andeutung einer anderen Figur sieht. Es ist eben eine komplexe Form der Performance, außerdem lebt das Publikum nicht immer in derselben Welt wie ich.

NATACHA PUGNET: *Ich denke da zum Vergleich an die Installationen von Beuys: Wenn er sagt, er „behandle" eine Zimmerecke, indem er Fett hineinstreicht, so glaubt er an das, was er macht, und dass es*

I. A Meter of Jungle wurde 1992 in Rio de Janeiro ausgestellt, als dort der erste „Erd-Gipfel" abgehalten wurde. Der Künstler hatte einen Quadratmeter Tropenwald entnommen und ihn nach Rio gebracht, wo er ihn im Museum vor der Öffentlichkeit „wissenschaftlich" erforschte.
II. Auf Einladung der Tate Gallery führte Mark Dion 1999 Grabungen am Themse-Ufer durch.

wirkt. Aber selbst wenn er mitten im Rampenlicht steht, kann man eigentlich nicht sagen, dass er eine Figur „spielt".

MARK DION: Beuys ist immer im Zentrum. Er ist immer nur er selbst, die Perspektive bleibt immer dieselbe, nach einer sehr traditionellen Vorstellung von Avantgarde: er ist der Häuptling, der Schamane. Schamane ist natürlich eine sehr ehrenhafte Bezeichnung, die Bezeichnung Priester wäre das wohl weniger. Im Endeffekt geht es immer um Beuys als den Wahrheitsvermittler. Ich hingegen stehe heute vor dem Problem, dass man mich zu sehr kennt, ich kann mich selbst nicht mehr benützen. Wie bei Beuys sieht man im Mittelpunkt meiner Arbeit mich, und das widerspricht dem, was ich beabsichtige. Meine Arbeit wird immer absurder, weil so viele Bilder zirkulieren, die mich zeigen: Mark Dion als Archäologen, Mark Dion als Entomologen, als Ichthyologen usw. Ein zentraler Aspekt meiner Arbeit war schon immer, dass scheinbar dem Spezialistenwissen Hochachtung bezeugt wird, während das echte Interesse dem Dilettantismus gilt. Ich war extrem beeinflusst von Flauberts *Bouvard und Pécuchet*, aber auch von der Geschichte des Universalgelehrtentums. Es ist unzweifelhaft eine lohnende Sache, sich selbst als Werkzeug zu benützen, aber ich bin mir nicht sicher, ob es immer noch so viel bringt. Bei meinen Werken wird meistens die komplexe Ironie übersehen, wenn ich das Spiel mit der Verwischung der etablierten Kategorien sehr weit treibe.

NATACHA PUGNET: *Kommt es vor, dass die Täuschung verfängt, dass man meint, man habe es mit einem „echten" Wissenschaftler zu tun?*

MARK DION: Es erstaunt mich immer wieder, wie uniformgläubig die meisten Leute sind. Sie geben so gern Verantwortung ab. Aber der Zuschauer soll merken, dass ich nicht wirklich spiele, es soll keine richtige Illusion entstehen. Ich bin immer der Künstler. Ich behaupte nie, Biologe zu sein, und ich glaube, wenn man genau hinschaut, kann man sehen, dass ich nicht über das Können verfüge, das man bei einem Wissenschaftler voraussetzt. Meine Technik ist immer suspekt, ich bin ein Hochstapler, springe vom einen zum anderen und wirke überhaupt nicht so, als würde ich mein Metier beherrschen. Das liegt auch daran, dass ich alles erst vor Ort lerne. Ich halte mich an keine wissenschaftliche Methodik.

NATACHA PUGNET: *Du spielst aber mit allen gängigen Vorstellungen, die man sich vom Wissenschaftler macht, bedienst sämtliche Klischees. Du erscheinst im weißen Kittel in einem Labor, und mit deinem Auftreten flößt du sofort den Respekt ein, der normalerweise einer solchen Tätigkeit anhaftet.*

MARK DION: Ja, aber wenn ich eine wissenschaftlich aussehende Tätigkeit ausübe, gibt es weder Vorarbeiten noch Ergebnisse. Ich führe kein streng wissenschaftliches Experiment durch, es sieht bloß danach aus, aber für manche Leute reicht das schon. Die Wissenschaft ist die heutige Religion. So, wie man früher uneingeschränkt gottgläubig war, ist man heute blind wissenschaftsgläubig. Jahrhunderte lang wurde die Kosmologie, die Lehre vom Ursprung und der Zusammensetzung der Welt, vom Klerus diktiert. In den säkularisierten modernen Gesellschaften hat ein anderer Berufsstand, die Wissenschaftler, diese Rolle weitgehend übernommen. Das Verhältnis der Allgemeinheit zu diesen Experten hat sich nicht grundlegend gewandelt. Es ist so gut wie unmöglich, sich der wissenschaftlichen Autorität entgegenzustellen. Wenn man in die Rolle des Wissenschaftlers schlüpft, trägt man deshalb den Ornat der Macht. Viele Künstler benützen die Wissenschaft auf diese Weise zur Untermauerung ihrer Autorität. Ich selbst möchte die Gewissheiten der Autorität aushöhlen. Das soll auch mein Arrangement bewirken: Ich möchte den Zuschauer dahin bringen, dass er sich zunächst in einem institutionellen Rahmen glaubt, dann aber sieht, dass alles Täuschung ist. Ich spiele mit der angeblichen Wahrheit der Situation. Aber man soll sich nie sicher sein: Wäre immer alles Fiktion, so liefe es auf dasselbe hinaus, wie wenn alles immer wahr wäre. Das Doppelspiel ist vielleicht subversiver.

NATACHA PUGNET: *Deine Fotografien sind vom Typ her ganz unterschiedliche Arbeiten: Ein und dieselbe Installation ist manchmal in situ zu sehen, manchmal vom ursprünglichen Kontext losgelöst, was dann ihren Sinn verändert. Andersherum beziehen sich Bilder der verschiedensten Elemente auf ein und dieselbe Aktion. Man weiß nicht recht, ob man die Aktion selbst sieht oder Objekte und Installationen, die aus ihr hervorgegangen sind.*

MARK DION: Wenn etwas Teil einer Performance ist, ist es schwierig, die Dialektik zwischen dem Bild des Objekts (der Dokumentation) und dem Objekt selbst exakt zu analysieren. Wie bei einem Werk von Beuys sind beide, das Bild und die Skulptur, Artefakte des Events. Für manche ist es da schwierig zu verstehen, was jetzt das Werk ist: das Objekt, der Prozess oder das Bild? Leider tendiert die Meinung oftmals zum Objekt – zur Ware, die man kaufen, sammeln und ausstellen kann. Meinerseits denke ich, dass es die komplexe Wechselwirkung zwischen allen diesen Elementen ist, was das „Kunstwerk" ausmacht.

NATACHA PUGNET: *Bei dir geht es nicht einfach darum, eine Performance, eine abgelaufene Aktion zu dokumentieren, du willst sie inszenieren, indem du eine ganz bestimmte Fotografie aussuchst, die unser Verständnis leitet und den Zweifel erweckt. Du integrierst auch das Medium, indem du es als Abschirmung zwischen die Performance und den Zuschauer schiebst. Unterhöhlst du damit nicht irgendwie die Performance, wie sie sich in den 60er und 70er Jahren entwickelt hat?*

MARK DION: Auch damals legten die Künstler großen Wert auf das Dokumentieren ihrer Arbeit. Beuys zum Beispiel kontrollierte genauestens die Bilder seiner Aktionen. Ich habe an der Universität Performance studiert, aber ich war zu jung und habe natürlich die Aktionen, von denen du sprichst, nicht mit eigenen Augen gesehen. Für meine Generation steht die Performance immer in dialektischer Wechselbeziehung mit dem Bild. Meine Arbeit ist ein Weg, um genau das aufzeigen.

NATACHA PUGNET: *Beuys benützte Fotografien zur Kultivierung der „Legende", des „persönlichen Mythos", du nicht.*

MARK DION: Beuys ist getrieben von seinem Ego. Meine Situation ist anders. Aber um ganz ehrlich zu sein: Bei bestimmten Gelegenheiten habe ich ganz klar von der Macht, die man durch das Künstlerbild hat, Gebrauch gemacht.

NATACHA PUGNET: *Man hat dich erst zum Künstler der Umwelt, dann zum Künstler der Naturwissenschaft gemacht. Sollen die Fotografien, die dich zeigen, auch das Bild verunklären, das man sich von dir und deiner Arbeit macht? Mit anderen Worten: Du scheinst mit der Bildgläubigkeit auf dieselbe Weise wie mit der Wissenschaftsgläubigkeit zu spielen.*

MARK DION: Die Archäologieprojekte bin ich nicht zuletzt deshalb angegangen, um genau dieses Etikett „Künstler der Naturkunde" loszuwerden. Konkrete Erwartungen schränken meine Möglichkeiten ein. Ich habe mir also ganz andere Disziplinen ausgesucht und habe sie in derselben Weise verfremdet wie zuvor die Zoologie. Ich habe mich selbst benützt, denn diese Werke, die auf Grabungen, Pflanzenentnahme und Klassifizierung von Exemplaren und Artefakten beruhen, sind Performances, wenn auch nicht herkömmliche. Wenn Künstler von ihrem eigenen Körper Gebrauch machen, hat mich das immer interessiert. Die Fotografien, die Pollock beim Malen zeigen, verdrängen heute beinahe die Bilder selbst. Bei Künstlern wie Beuys, Acconci und Burden ist das Verhältnis zur Dokumentation des künstlerischen Prozesses immer bewusst vielschichtig. Man muss sehr genau hinsehen, wenn man von sich oder seinem Bild Gebrauch macht. Man muss es produktiv verwenden, man darf nicht sein Opfer werden. Von allen meinen Arbeiten besitze ich Hunderte von Fotografien, und ich verwende nur eine oder zwei, die ich sehr bewusst auswähle.

NATACHA PUGNET: *Man kann also davon ausgehen, dass in einem Buch oder einem Katalog die Fotografien gezielt danach ausgewählt wurden, wie stark sie Realität und Fiktion vermengen?*

MARK DION: Ja. Die vor Ort aufgenommenen Bilder müssen vertraut wirken. Sie müssen denen gleichen, die man in *National Geographic* oder in einer Reportage über Cousteau findet. Ihr Stil entspricht dem, was man von dieser Art Bilder erwartet. Und wenn man sie mehrmals abdruckt, werden sie gewissermaßen zur offiziellen „Reportage" über die Expedition oder die archäologische Grabung. Man hat den Eindruck, dass es das „gegeben hat", dass das wirklich so gelaufen ist, selbst wenn das gar nicht stimmt. Bei den anderen Bildern geht es um den Kontext, den „Hintergrund". Wenn ich den Hintergrund verändere, wechsle ich auch die Tarnung: Eine Bekleidung für Wüstenexpeditionen wirkt im Dschungel nicht glaubhaft. Ein andermal bleibt die Kleidung gleich, aber je nach Umgebung kann sie unterschiedlichen Situationen entsprechen.

NATACHA PUGNET: *Hast du immer die Kontrolle über das, was aus deinen Fotografien gemacht wird? Besteht nicht das Risiko, dass durch sie deine Arbeit völlig falsch interpretiert wird?*

MARK DION: In der Boulevardpresse oder in Presserevuen werde ich häufig als Forscher, als Archäologe usw. hingestellt. Die Macht dieser institutionalisierten Wissenschaftsdisziplinen, zu der noch die Macht des Bildes kommt, ist eben stärker als meine Wünsche. In Büchern über meine verschiedenen „Expeditionen" und Grabungen passiert es nie, auch in meinen Ausstellungen nicht, höchstens in Presseberichten darüber. Es ist nun mal so, dass zwischen dem, was man mit einer Arbeit beabsichtigt, und dem, was in journalistischen Deutungen herauskommt, ein ziemlicher Unterschied besteht. Darum will ich mich aus dem Mittelpunkt herausnehmen.

NATACHA PUGNET: *Wenn du Figuren wie Cuvier und Disney als Autoritäten inszenierst, Fotografien von in naturhistorischen Museen ausgestellten Eisbären aneinander reihst* (Polars Bears – Ursus maritimus) *oder altmodische Schreibtische zeigst* (History Trash Scan), *so ist das eine tragikomische Kritik der wissenschaftlichen Autorität und Macht und des institutionalisierten Diskurses. Bezieht diese Kritik auch den Künstler mit ein?*

MARK DION: Ja, unbedingt. Es geht darum, ein bestimmtes Machtstreben in Frage zu stellen, es abzulehnen und selbst Stellung zu beziehen. Die Macht, die der Künstler hat, wird ja meistens dann besonders deutlich, wenn seine Arbeit mit Wissenschaft zu tun hat. Der Künstler bezieht dann nämlich Macht nicht nur aus der Kunst, sondern auch aus der Wissenschaft, entsprechend der zeitgenössischen Kosmologie. In der Kunst herrscht eine solche wissenschaftliche Unkultur, dass, was immer diese Künstler sagen, respektvoll und gläubig hingenommen wird. In meiner Inszenierung sind sich das Bild des Wissenschaftlers und das des Künstlers sehr ähnlich. Genauso wie man nicht in allen Disziplinen Wissenschaftler sein kann, kann man es auch als Künstler nicht sein. Man kann diese Autorität gar nicht haben. Viele meiner Projekte wollen den Betrachter zum Hinterfragen und zur Skepsis anregen. In weiten Teilen meiner Arbeit geht es darum, wie diese Macht der Disziplinen, der wissenschaftlichen wie der künstlerischen, unterlaufen werden kann.

NATACHA PUGNET: *Die verschiedenen Rollen, die du verkörperst, kann man auch als Masken auffassen, die dein Bild unkenntlich machen sollen. Aber kann man es nicht auch so auffassen, dass du dich in den Vordergrund spielen willst?*

MARK DION: In der ersten Zeit war es sehr wichtig, dass ich mich zeigte, in verschiedenen Rollen, die verschiedenen Disziplinen entsprachen. Es war eine Art Spiel. Indem ich mich an einem Tag als Archäologen, am anderen Tag als Naturforscher präsentierte, untergrub ich meine angebliche Autorität. Hätte ich das allerdings zu oft getan, so hätte ich am Ende die Autorität von einem gehabt, der all diese Disziplinen beherrscht. Ich hätte sozusagen den „Universalgelehrten Mark Dion" kreiert. Dadurch hat sich schließlich die Identität, die ich anfänglich sprengen konnte, an die Person des Künstlers angeheftet. Jetzt ist der Punkt erreicht, wo ich damit aufhören muss. Ich möchte Performances machen, bei denen ich nicht die darstellende Person bin.

NATACHA PUGNET: *Aber in vielen deiner Werke ist doch der Prozess ebenso wichtig wie das Resultat. Empfindest du es nicht als widersprüchlich, wenn du andere beauftragen musst, Tätigkeiten zu übernehmen, die in die endgültige Installation eingehen, wie etwa das Sammeln oder das Klassifizieren von Elementen?*

MARK DION: Schon bei meinen ersten Arbeiten war mir ganz klar bewusst, dass ich mich als Material verwende, vor allem im Hinblick auf die Dokumentation. Die Bilder, die den Künstler bei der Arbeit zeigen, haben eine lange Tradition, seit Pollock, Smithson, Beuys und viele anderen. Auf Kunstzeitschriften und Kunsthistoriker wirken diese Bilder wie Bonbons auf Kinder: sie sind einfach unwiderstehlich! Ich habe diese Nische planmäßig verwertet, indem ich die totale Kontrolle über die Bilder behielt, die ich zirkulieren ließ. Das Ergebnis war, dass ich als Künstler nach vorn katapultiert wurde. Heute ist diese Strategie für meine Arbeit kontraproduktiv. Am Anfang habe ich mich und mein Bild erfolgreich benutzt, um die Zeichen der Macht zu hinterfragen. Aber nach einer gewissen Zeit liefen alle Versuche darauf hinaus, dass der Künstler Mark Dion im Zentrum stand. Kurz, ich war selber die Autorität, die ich erschüttern wollte. Ich denke, wenn ich mich von anderen vertreten lasse, kann ich einige Tücken vermeiden, die in der Sache liegen.

NATACHA PUGNET: *Hast du es schon versucht?*

MARK DION: Ja, zum Beispiel habe ich bei einem Projekt für das Queens Museum of Art in Flushing Meadow die Künstlerin Kate Wall den Archäologen und Konservator machen lassen. Sie hat die ganze Arbeit gemacht, die Funde geborgen und gereinigt. Ich kann mir auch von anderen Künstlern vorstellen, zum Beispiel von Carole Schneemann, dass sie eine Performance von mir ausführt, so wie in der Musik ein ausführender Musiker eine Partitur interpretiert. Der Künstler braucht nicht im Mittelpunkt zu stehen. Dieser Versuch sollte mein bisheriges Verfahren relativieren. Er ist gelungen, was beweist, dass die Aktion unabhängig von meiner Person ablaufen kann. Über mich zu reden, interessiert mich nicht.

NATACHA PUGNET: *Deine Fotografien werfen auch die Frage des Selbstporträts auf. Wie stehst du dieser Tradition gegenüber?*

MARK DION: Da benützen Künstler sich selbst als Material. Indem ich mich verkleide, wie Rembrandt es für seine Selbstporträts getan hat, folge ich dieser Tradition. Mich interessiert aber eher die subversive Seite dieser Tradition. Das Selbstporträt des Künstlers, der sich malend oder bildhauernd darstellt, interessiert mich nicht. Übrigens arbeite ich an solchen „Porträts" häufig zusammen mit anderen Künstlern. Manchmal habe ich die Leitung, ein andermal treffe ich nur die Auswahl, und manchmal liegt die komplette Gestaltung bei ihnen. Bob Braine, Jorge Colombo, Marya Davey und Dana Sherwood haben alle mit mir zusammengearbeitet bei der Verwirklichung dieser Bilder.

NATACHA PUGNET: *Für* Roundup: an Entomological Endeavor for the Smart Museum of Art[III], *hast du eine lebensgroße Puppe verwendet, die wie ein Schmetterlingsjäger und -Forscher ausstaffiert ist. Die Puppe ist anonym, Gesichtszüge fehlen. Die Brille auf ihrer Nase ähnelt allerdings denen, die du trägst, was auf ein Selbstporträt schließen lassen könnte.*

MARK DION: Die Puppe – die Art ist in Museen gebräuchlich – verweist auf eine Tätigkeit, einen Prozess, im gegebenen Fall auf die „Schmetterlingsjagd", der meine Mitarbeiter und ich im Museum nachgegangen sind. Im Smart Museum of Art enthielt die Ausstellung auch ein „Labor", wo die gefangenen Exemplare bestimmt und fotografiert wurden. Die ganze Aufnahmenreihe wurde als Ergebnis des Prozesses gezeigt. Genau wie die Insekten, war (und ist bis heute) die Puppe ein „Exemplar", das heißt ein Individuum, das für die gesamte Gattung steht. Die Rolle ist aber unmöglich.

NATACHA PUGNET: *Also auch kein richtiges Selbstporträt.*

MARK DION: Es zeigt mich als Gestalt, als Bühnenfigur. Meine Selbstporträts zeigen immer Gestalten. Mein Platonsches Ideal.

NATACHA PUGNET: *Psychologie scheint keine Rolle zu spielen bei den Figuren, die du schaffst. Sie sind eher allgemeine Typen als Individuen. Hat das einen bestimmten Grund?*

MARK DION: Ich bin nicht sicher, dass die Psychologie in meiner Arbeit keine Rolle spielt, wenn ich eher einen Typus darstelle als ein Individuum. Zumal wenn der dargestellte Typus obsessiv und raffgierig ist und ein zwanghaftes Verhältnis zur Ordnung hat. Das sind natürlich extreme Neigungen, die ich als Person nicht habe. Andererseits liegen diese Seiten in abgeschwächter, nicht-neurotischer Form sicher auch in meiner Persönlichkeit. Gut möglich, dass meine Charaktere bloß extrem verstärkte Tendenzen meiner Persönlichkeit sind.

NATACHA PUGNET: *Abgesehen vom museumsgeschichtlichen Aspekt befassen sich die zahlreichen Kuriositätenkabinette, die du zusammengestellt hast, auf verschiedene Weisen auch mit dem Sammeln und Klassifizieren. Gibt es da eine autobiographische Dimension?*

MARK DION: Ich hatte immer zwei verschiedene Sammlungen: einmal meine eigene, und dann die Sammlung von Dingen, die ich für meine Arbeit brauche. Wenn es um eine konkrete Arbeit geht, kann ich extravagant sein; bei persönlichen Gegenständen hingegen bin ich sehr sparsam. Das Sammeln ist bei mir keine Obsession, ich sehe es pragmatisch. Ich behalte die Kontrolle ... Für die Arbeit sammle ich sehr präzise auf das Ziel hin. Ich kann zwar nicht erklären, warum ich jetzt gerade diesen Hammer und nicht einen anderen wähle, es ist reine Gefühlssache. Ich häufe Gegenstände an, die durch den Gebrauch eine Patina bekommen haben, aber da ist noch etwas anderes. Es ist erstaunlich, wie bestimmte Assistenten, und zwar die besten – Lenka Clayton, William Purcell oder Dana Sherwood – ganz genau wissen, was ich brauche, und auch den Gegenstand finden, der exakt in die Installation passt, während es bei anderen nie funktioniert. Das Werk, das ich mit J. Morgan Puett zusammen gemacht habe, ergab sich ganz unmittelbar aus meiner Sammlung von Fotografien aus dem 19. Jahrhundert[IV]. Ich besitze eine große Menge von Gegenständen, denn bin ich vor allem ein Augenmensch. Alles inspiriert mich: Gegenstände und Bilder genauso wie Bücher, seien es historische, literarische oder philosophische Werke. Ich hasse leere Räume, für mich muss das Haus voll bis obenhin sein. Ich schäme mich nicht dafür und habe nicht vor, meine Sammlergewohnheiten zu ändern. Am liebsten sind mir Dinge, die durch andere Hände gegangen sind. In ihrem Leben bin ich nur ein Augenblick, sie enden nicht mit mir, ich bin bloß zeitweiliger Besitzer. Im Museum hingegen verschwinden die Sachen im Keller, und meist sieht man sie nie wieder. Sie erstarren zu Artefakten, weil sie ihren Gebrauchswert verlieren.

III. Der Titel bedeutet in etwa: *Razzia: ein entomologischer Versuch.* (Entomologie ist die Insektenkunde)
IV. The Ladies Field Club of York, Impressions Gallery, York, 1998

NATACHA PUGNET: *Ist dieser biographische Aspekt der Arbeit sichtbar für jemanden, der dich nicht kennt?*

MARK DION: Wenn du meine Arbeiten genau anschaust, merkst du, dass da einer ist, der weiß, was sammeln ist. Wenn ich mir ein altes Werk von Arman oder Daniel Spoerri ansehe, fällt mir als erstes auf, dass diese Leute ein fabelhaftes Auge für Trödel haben. Natürlich hat meine Sammelleidenschaft mit meinem Schaffen zu tun, weil es gekoppelt ist an die Dinge, die mich interessieren. Sehr oft kaufe ich zwei identische wunderschöne Gegenstände, der eine geht dann in eine Arbeit ein, den anderen behalte ich für mich. Jedes Werk enthält für mich ein biographisches Element: Ich erinnere mich, wo und mit wem ich ein bestimmtes Objekt gekauft habe, was ich dafür bezahlte habe, ob ich es reparieren oder verändern musste. Das Publikum kann da nicht mithalten, aber bei den Leuten, mit denen ich zusammengearbeitet habe, gibt es eine ganze Menge schöner gemeinsamer Erinnerungen.

NATACHA PUGNET: *Humor und Ironie sind allgegenwärtig in deinem Werk. Bedeutet das, dass du auf Distanz gehst zum künstlerischen Schaffen, es ähnlich parodierst wie andere Tätigkeiten? Ein Weg, den Künstler nicht allzu sehr ernst zu nehmen?*

MARK DION: Ja, aber ich bin, glaube ich, auch selbst ein Element des Schaffens, nämlich als komische Figur. Also solche bin ich in meiner eigenen Arbeit ein kleiner Wicht, nirgends wirklich gut. Körperlich bin ich alles andere als eine Abenteurergestalt ... Die Fotografien von mir in den Tropen oder auf einem Gipfel in entlegenen Weltgegenden sind echt zum Lachen. Für mich kommt der Humor durch eine Art Strategie des Bruchs zustande, die dafür sorgt, dass die politischen Aspekte der Arbeit, und das sind die pädagogischsten, auch durchgehen. Mit Humor lassen sich Sachen sagen und tun, die man nicht direkt vermitteln kann.

NATACHA PUGNET: *Siehst du für dich eine gesellschaftlich-politische Rolle, einen pädagogischen Auftrag?*

MARK DION: Eine pädagogische Ausrichtung der Kunst war für mich nie ein Problem. Einer der Gründe, weshalb ich mit den naturhistorischen Museen zusammenarbeite, liegt genau darin, dass sie Orte des Lehrens sind. Im Schutz des Museums kann ich pädagogisch wirken, ohne das Publikum durch große Moralpredigten abzustoßen. Ich gebe keine fertigen Lösungen vor, auch weil ich selbst keine habe, ich schäle bloß die Probleme heraus. Persönlich sehe ich mich in der Tradition jener Künstler, die sich von einer gesellschaftlichen Rolle nicht schrecken lassen.

NATACHA PUGNET: *Deine Ziele sind ernst, aber die Art, wie du bestimmte Schwachseiten des wissenschaftlichen und des ökologischen Diskurses behandelst, ist von feiner Ironie gekennzeichnet.*

MARK DION: Ja, und viele glauben, dass das Absurde meine Verkaufsstrategie darstellt, aber meine Zielsetzung ist nicht absurd. Ich stelle mich in die Tradition der politischen Parodie. Es ist nicht mein Ziel, jegliche Bedeutung zu verneinen, und ich möchte nicht in die Falle des postmodernen Relativismus tappen, der prinzipiell keine systematische Wahrheitsfindung für möglich hält. Satire und Parodie sind für mich taktische Mittel.

NATACHA PUGNET: *Oftmals delegierst du die gesamte Ausführung deiner Installationen an Assistenten, und du gibst ihnen Zeichnungen an die Hand, die nur eine allgemeine Vorstellung enthalten. Gleichzeitig beruht aber deine Arbeit auf Präzision im Detail. Wie schaffst du es, beides auf einen Nenner zu bringen?*

MARK DION: Man kann die Frage auf verschiedene Weisen angehen. Erstens verwenden meine Arbeiten oft Archetypen. In vielen Projekten studiere ich zum Beispiel landschaftstypische Bauweisen. Ich mache eine sehr allgemeine, vereinfachte Zeichnung, anhand derer das aus der Gegend stammende Team die Aufgabe entsprechend den örtlichen Traditionen lösen kann. So bekomme ich einen

Bau, der nicht meine Vorstellungen wiedergibt, sondern wirklich landschaftstypische Architektur ist. Zweitens habe ich zwar selbst viel Erfahrung im Zuarbeiten für andere, ich bin auch technisch versiert – ich habe jahrelang für Ashley Bickerton gearbeitet –, aber ich kann nicht alles selbst machen. Ich kann zwar mit Ton umgehen, bin aber kein Töpfer, und auch wenn ich weiß, wie man Harz mahlt, ein Spezialist kann das allemal besser. Es ist leichter, einen Profi zu engagieren, als den Beruf zu lernen. Drittens habe ich kein Atelier, auch gar nicht die Zeit, meine Werke auszuführen. Ich beschränke mich darauf, Zeug zusammenzukaufen. Einige Künstler malen, andere drucken, wieder andere bildhauern, ich kaufe. Meine Zeichnungen sind immer so großzügig, dass die Handwerker die Freiheit haben, mit lokalen Techniken und Lösungen zu arbeiten. Die Ästhetik meiner Arbeit ist oft von pragmatischen Zwängen vorgegeben.

NATACHA PUGNET: Hat das Delegieren nur diesen praktischen Sinn? Wenn du mehr Zeit und weniger Projekte hättest, wenn du weniger Anfragen bekämst, würdest du dann die ganze Arbeit selber machen?

MARK DION: Ich finde, das Delegieren ist etwas Wichtiges. Es ist wirklich wichtig, dass die Arbeit nicht starr an mich gebunden ist. Ich will nicht, dass mein Werk ausschließlich auf meinen Ideen beruht. Die Interpretation darf sich also nicht auf die künstlerische Biographie oder Subjektivität reduzieren, beides ist nicht sonderlich interessant. Ich rede gern mit den Studenten über solche Fragen. Wenn ich zu ihnen sage, ich habe „keinerlei körperlichen Kontakt mit meiner Arbeit", dann betone ich damit, dass es eine ideologische Position ist, eine Verpflichtung gegenüber der Kunst als Idee. Ich „mache" nicht Kunst, weil ich Spaß am Material habe oder weil ich der Ansicht bin, die Welt müsse meine Biographie kennen. Ich tue es aus anderen Gründen. Für mich ist da wirklich eine Art politische Entscheidung dabei. Freilich, die Künstler meiner Generation reflektieren die Zuarbeit von Assistenten nicht mehr künstlerisch, ich hatte immer schon den Eindruck, dass diese Frage bereits gelöst war, noch bevor ich mein Studium begann und zwar in den 60er und 70er Jahren durch Künstler, die ich bewunderte, also lange bevor ich mich selbst in die Diskussion über die Kunstproduktion einschaltete. Ich glaube nach wie vor, dass da etwas Politisches auf dem Spiel steht. Sich von Assistenten oder Handwerkern zuarbeiten lassen, ist auch heute noch wichtig, denn wir erleben eine Rückkehr zu bestimmten konservativen Auffassungen. Es sind dieselben, die die Künstler der Generation 1960–70 bekämpften: das humanistische Klischee des Künstlers als heroische Gestalt.

Marseille, April 2005

VIII

ARCHIVES PART I

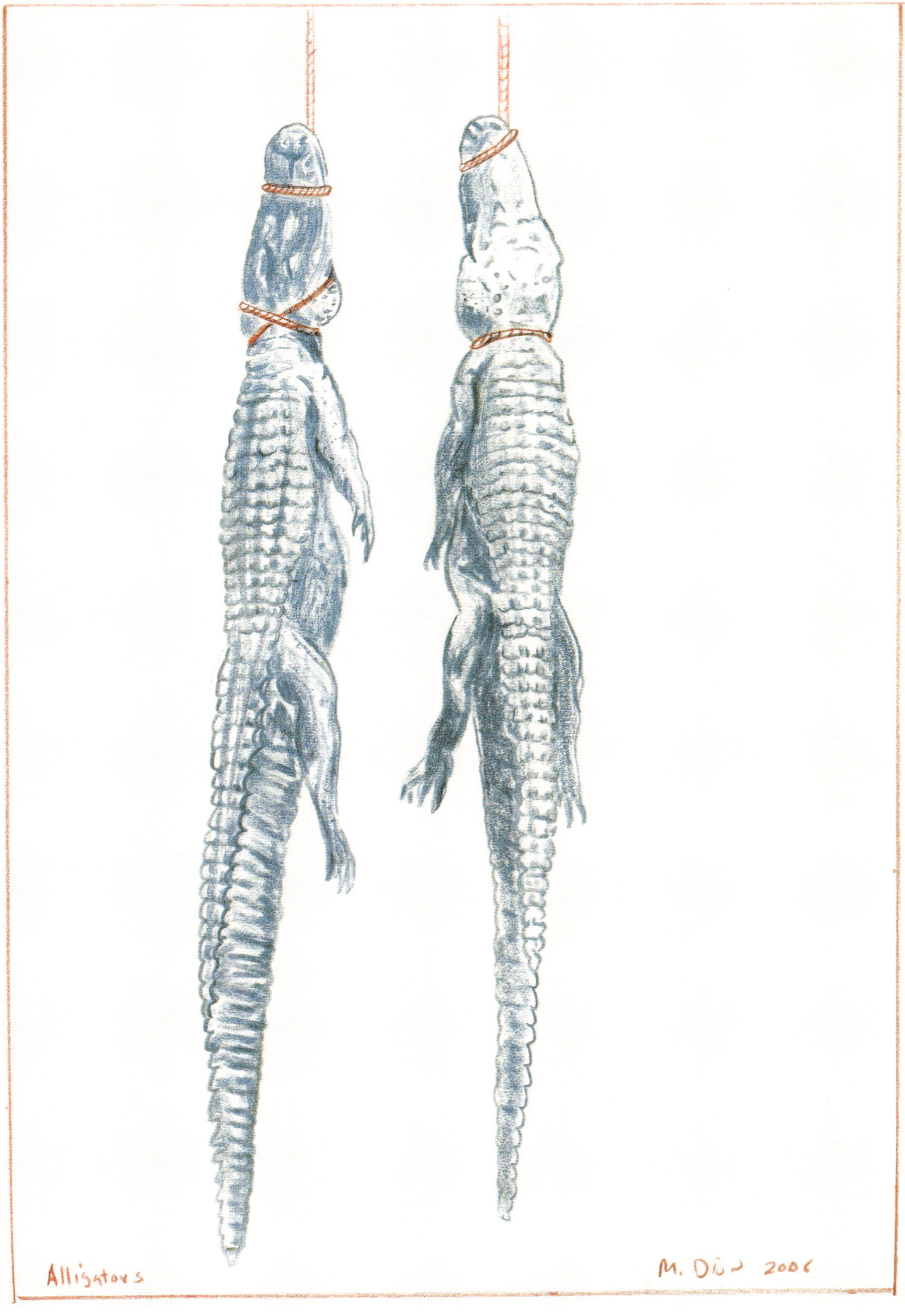
Alligators

Kunstlerisches Freilandlabor Seegeniederung (Artistic field laboratory in the Marshes of the River Seege
Floodwater Residency
Interior View
Floodwater Residency Program - Gartow
M. Dion

Tidal Aquarium M. Dion 2008

Tropical Rainforest preserves

peonage
influenza
mercury poison
small pox
massacre
land theft
Text 1
"We began by throwing down food and presents from a small plane every day at the same hour: dried meat, brown sugar, red cloth, cheap blankets. We could not give good things. We did this to deceive the tribe and make the Indians stay in the place where we had thrown down the presents. Meanwhile the foreman would open the survey path and preliminary road bed. The woodsmen had to open seventy-five miles of virgin forest. Finally they met up with the Indians who had perferred to stay at the spot where the little plane would throw down presents every day." – Herminio Ometto, Amazon cattle developer
Text 2
"The forest is one big thing; it has people, animals and plants. There is no point saving the animals if the forest is burned down; there is no point saving the forest if the people and animals who live in it are killed or driven away. The groups trying to save the race of animals cannot win if the people trying to save the forest lose; the people trying to save the Indians cannot win if either of the others lose; the Indians cannot win without the support of these groups; but the groups cannot win without the help of the Indians, who know the forest and the animals and can tell what is happening to them. No one of us is strong enough to win alone; together we can be strong enough to win." Paiakan, Kayapó leader
The Bribe of Progress
M. Dion

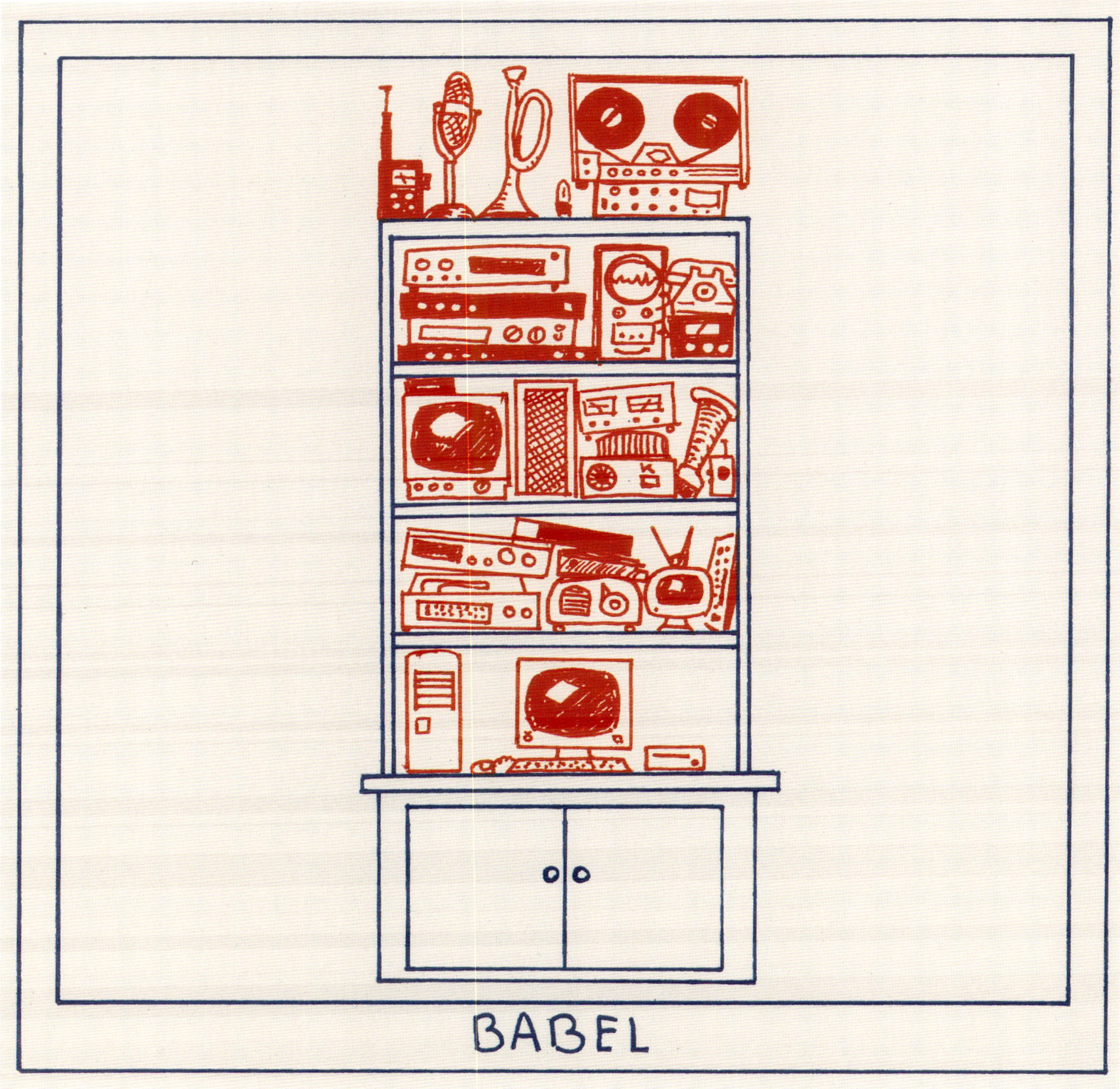
BABEL

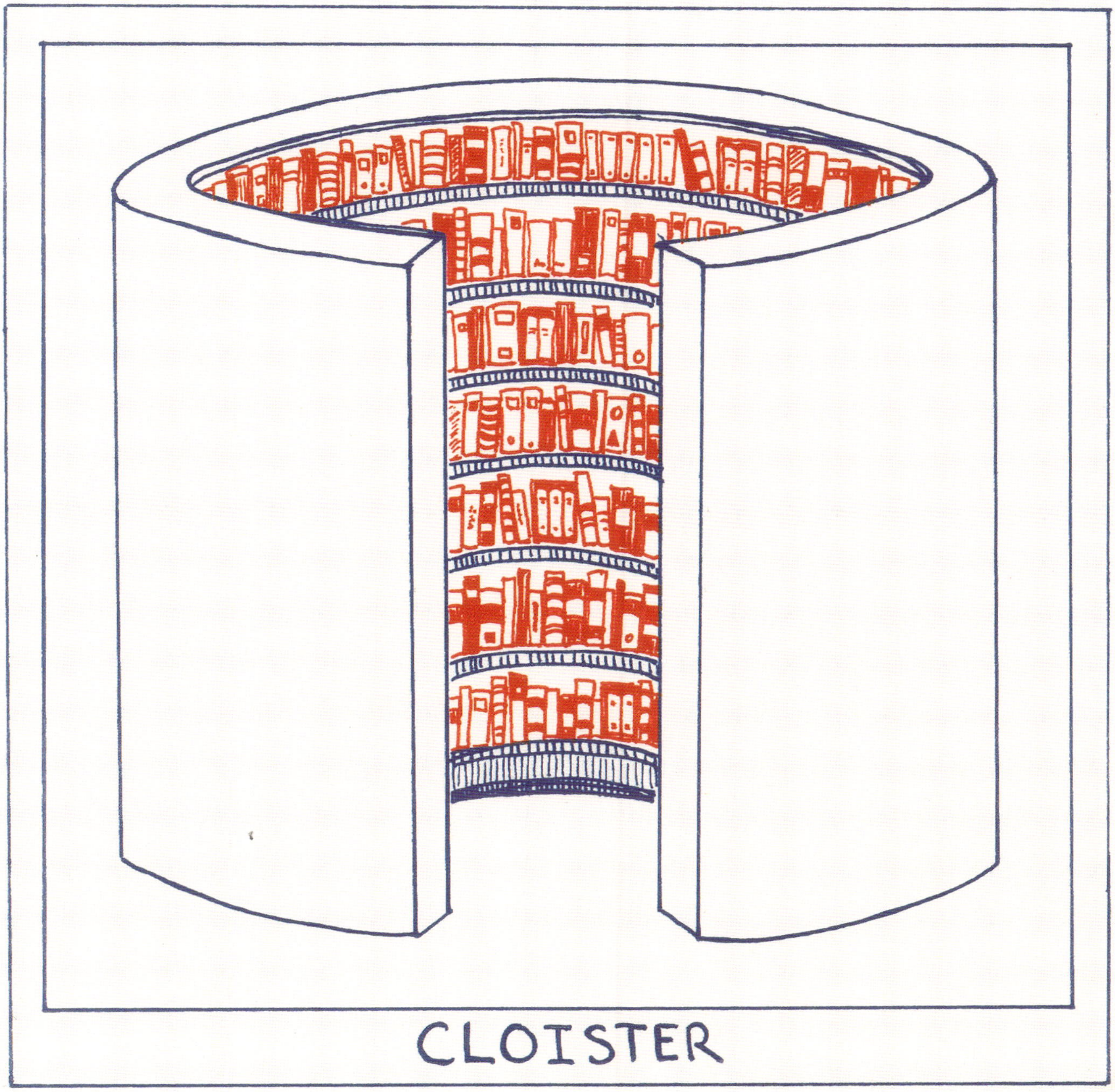
CLOISTER

Jagdhütte (interior study)
M. Dion 2000

Cabinet J. et F. Sommer
M. Dion 2006

Natural History and Evolution
Folklore
Conservation status
Ethology and Language
contemporary ecology
GULL APPRECIATION UNIT
The Mobile Gull Appreciation Unit
M. Dion 2006

Tidal Aquarium
M. Dion 2006

A
B
118

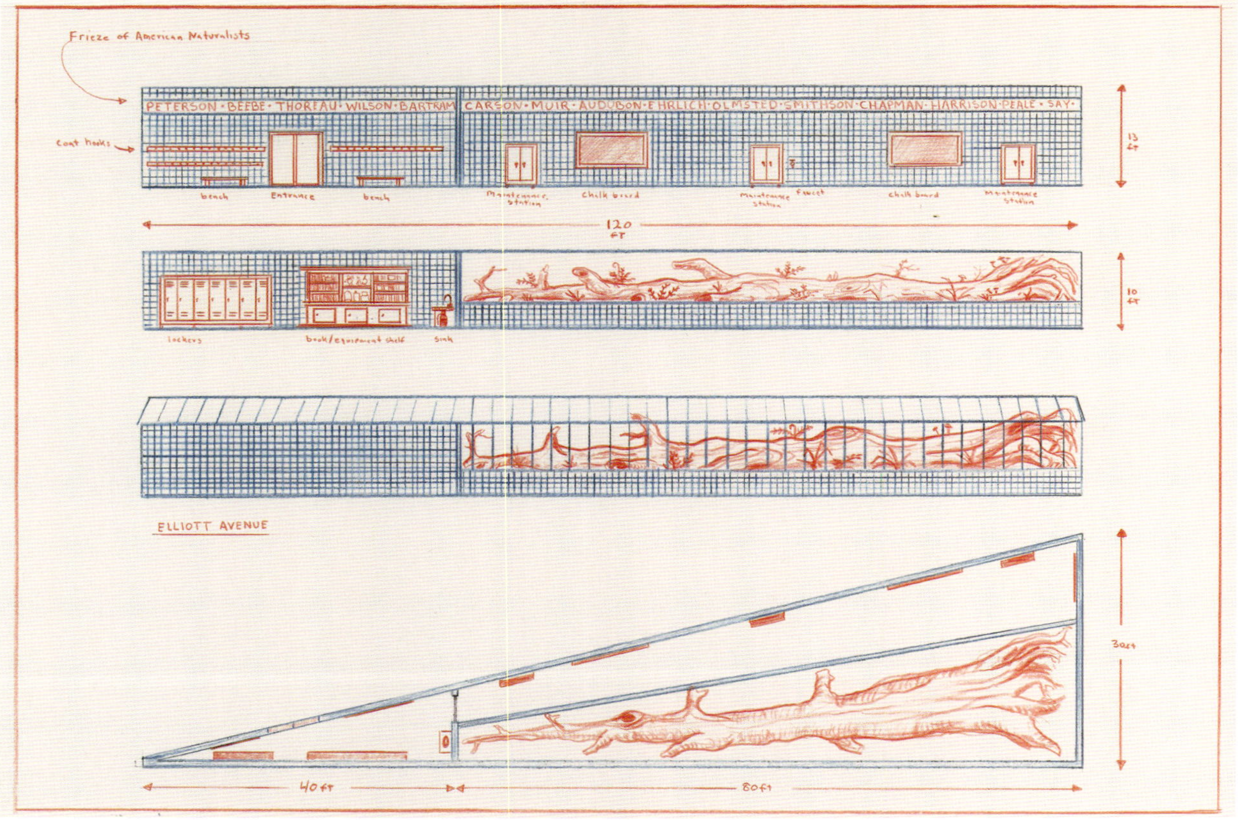
Frieze of American Naturalists
PETERSON · BEEBE · THOREAU · WILSON · BARTRAM · CARSON · MUIR · AUDUBON · EHRLICH · OLMSTED · SMITHSON · CHAPMAN · HARRISON · PEALE · SAY ·
Coat hooks
bench
Entrance
bench
Maintenance station
Chalk board
Maintenance station
Faucet
Chalk board
Maintenance station
13 ft
120 ft
10 ft
lockers
book/equipment shelf
sink
ELLIOTT AVENUE
30 ft
40 ft
80 ft

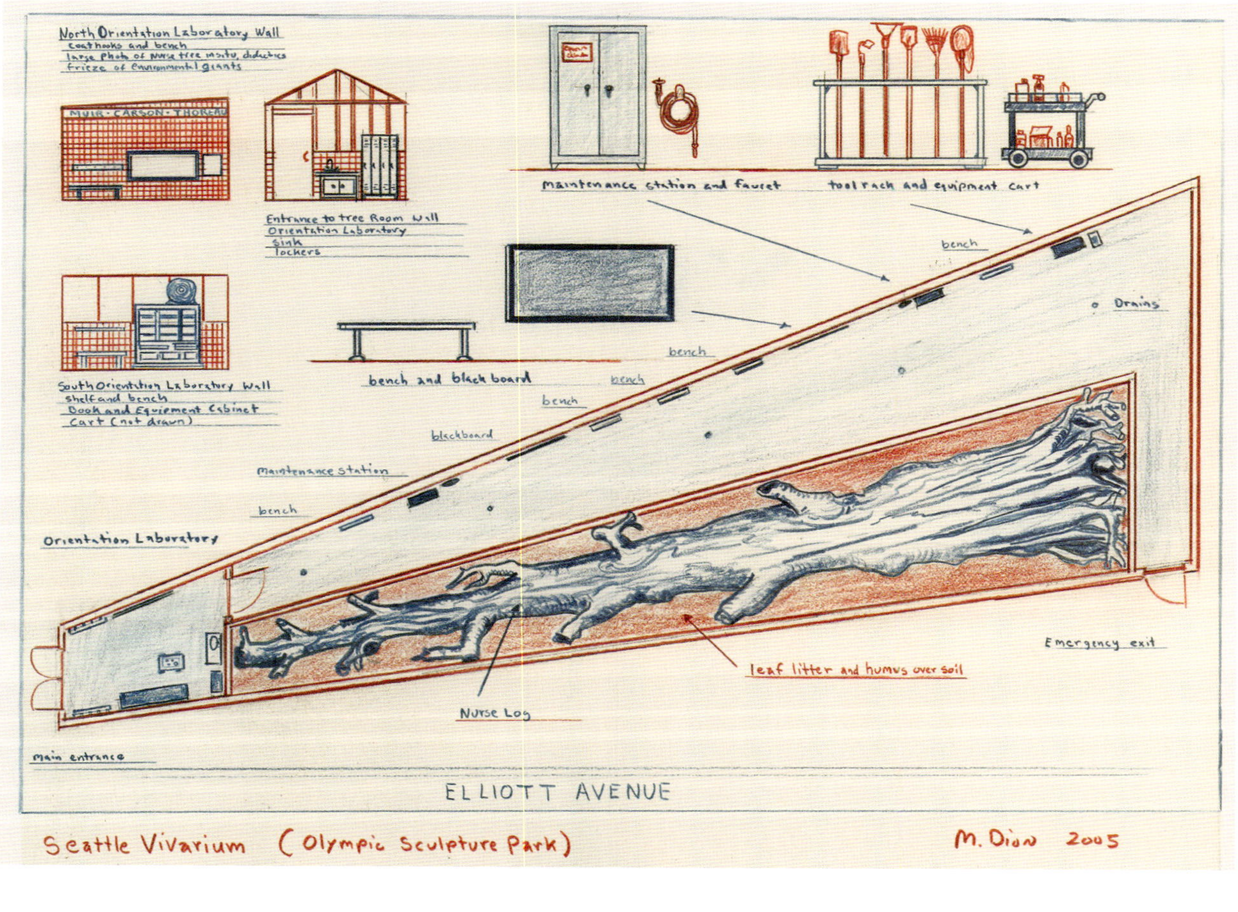
North Orientation Laboratory Wall
coat hooks and bench
large photo of nurse tree in situ, didactics
frieze of environmental giants
MUIR · CARSON · THOREAU
Entrance to tree Room Wall
Orientation Laboratory
sink
lockers
South Orientation Laboratory Wall
shelf and bench
Book and Equipment Cabinet
Cart (not drawn)
Maintenance station and faucet
tool rack and equipment cart
bench and black board
bench
Drains
bench
bench
bench
blackboard
Maintenance station
bench
Orientation Laboratory
Emergency exit
leaf litter and humus over soil
Nurse Log
main entrance
ELLIOTT AVENUE
Seattle Vivarium (Olympic Sculpture Park)
M. Dion 2005

Seattle Vavarium
M. Dion 2002

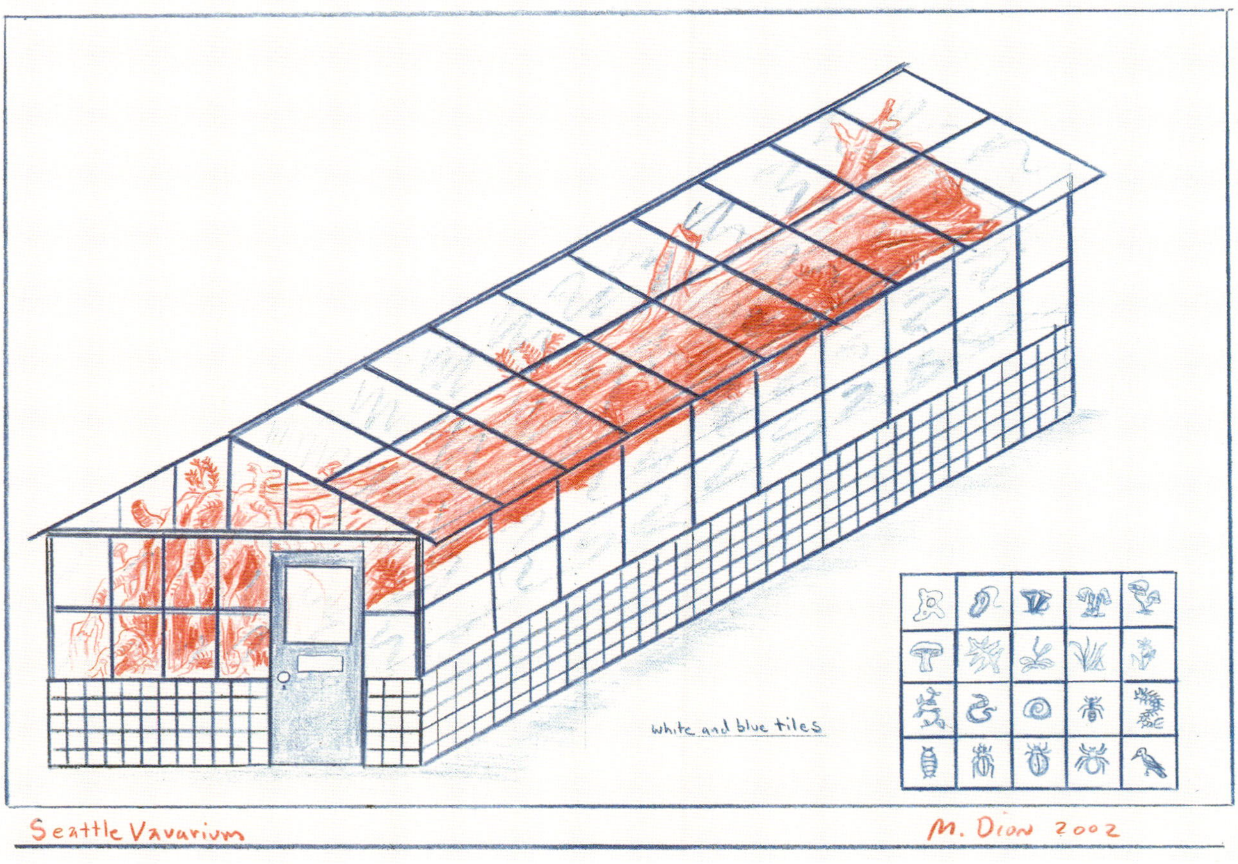
white and blue tiles
Seattle Vavarium
M. Dion 2002

IX

ARCHIVES PART II

Dion Interview with Nato Thompson
Question Number 1

Perhaps more than with any other body of work, the evolution of the ~~Er~~ Library for the birds works and other tree based works (there are at least seven radically different versions) reflect shifts in my thinking regarding the politics of nature. If one considers my work from the late 80's and early 90's, including the collaborations will Bill Schefferine, a playful but serious didactiss is present. Schefferine and I were idealistic, we felt certain that ecological calamity could be avoided by access to knowledge; that if people understood situations like the crisis in biodiversity, through habitat loss, that the would act to alleviate the problem. Our didactic style ~~reflected~~ expressed the notion that somehow the information is just not getting out. Now I'm convinced that knowledge is not the issue and that there is a profound lack of will. I grossly miscalculated the power of ideology, desire, coercion, superstition, and pure greed. In the past ten years there are alot more wallmarts and alot less wetlands.

So the tone of my work has tended toward the more macabre and become laced with inky pessismism. Works like "Library for Birds of New York", which depict the tree of knowledge with a cronic case of root rot, embody my epiphany that when it comes to the environment, we are just not going to work things out. While there may be no spectacular environmental castastrophe, the earth will slowly become a less cultural and biologically diverse place, less wild, more impoverished, economically polarized, uglier and less interesting place to live. For the things I care deeply about the future looks pretty grim. The "Library for the Birds of Antwerp" expresses a sense of disenchantment in the face of wonder. The birds, so beautiful and vivacious exist in Antwerp because of a long and pernicious colonial relationship between the city and central Africa.

Despite my gloomy outlook I must still have a molecule of optimism which is represented by the very desire or need to continue to produce work engaging these issues. I can't imagine throwing in the towl. I may be pessimistic but I am far from cynical

Cabinet of the Allegory of the senses

- Sight (Vision)
- Hearing
- Touch
- TASTE
- Smell

other possibilities

- The ages of man
- Robert Flood's classifications
- Scala Naturae
- City / Country

Humors?

Cabinet of the realms of the Cosmos

The spirit world

- Air
- EARTH (Terrestrial Realm)
- WATER (The sea)
- Fire and The underworld

Anatomy Theater

Neotropical Bird list page II

Yellow-crowned Yellowthroat
Chestnut-Headed Oropendola
Motezuma Oropendola
Giant Cowbird
Melodious Blackbird
Yellow-Billed Cacique
x Black-headed Oriole
x Baltimore Oriole
Yellow-tailed Oriole
Hooded Oriole
Masked tanager
Blue-gray tanager
Yellow-winged tanager
Scarlet-Rumped tanager
Crisom-Collared tanager
Red-throated ant-Tanager
White-collared seedeater
Orange-billed sparrow
Vermilion Flycatcher
Swallow-wing
Pompadour cotinga
Dusky-capped flycatcher
Red-shouldered Macaw
Chestnut fronted Macaw
Green-and-rufous kingfisher
Cuvier's Toucan
Great White Heron
White-crowned Manakin
Many-banded Aracari
Ochre-breasted sparrow
Tepui sparrow
Dark-billed cuckoo
Green Jay
Long-tailed Sylph
Red-crowned woodpecker
White-fringed Antwren
Black-capped tyrant
Venezuelan Flycatcher
Andean solitair
Yellow-legged thrush
Black-hooded thrush
Black-Crested warbler
Bare-eyed thrush
Three-striped warbler
Slate-throated redstart
blue-capped tanager
Red-crowned ant tanager

Bicolored conebill
Oriole Blackbird
Muscovy Duck
Scaled Dove
Brown Pelican
Least tern
Scarlet Ibis
Green Heron
Rufous-vented Chachalaca
Crested Caracara
Laughing Gull
Belted kingfish
House sparrow
~~Groove-Billed Ani~~
Yellow-rumped caciques
Brow-chested Martin
Black-capped Donacobis
Lesser seedfinch
Pale-breasted thrush
Spotted Tody-Flycatcher
Jandaya Conur
Lavadeira-Mascarada
Common Egret
Rufous-collared sparrow x
Kelp Gull
Masked water-tyrant
Rufous-bellied thrush
Red-crested Cardinal
Swallow-tailed Hummingbird
Palm tanager
Violet-capped woodnymph
Boat-billed flycatcher
Cliff flycatcher
Sayaca tanager
Swainson's flycatcher
Rufous-crowned Greenlet
Blue Dacnis
Troupial
Glittering-throated Emerald
Sapphire-spangled Emerald
~~Jandaya Conure~~
Saffron Finch
Rufous Hornero
Monk Parakeet
Grassland Yellowfinch
Shiny Cowbird
Plain Parakeet

Introduced animals + plants

Chinese Muntjac Deer — England
American Mink — England
Chinese Mitten Crab
North American Bullfrog — England and Europe
Brown Tree Snake (Boiga irregularis) — Guam
Asian Tiger Mosquito (Aedes albopictus) — Amazonia?
House cat (Felis domesticus) — Felis
Dog (canis familiaris)
New Zealand Flatworm (Artioposthia triangulata) — England
House fly (Musca domestica)
brown house moth (Hoffmannophila pseudospretella)
Gypsy Moth (Lymantria dispar)
Japanese Beetle Popillia Japonica — discover in NJ 1916
Fire Ant (solenopsis geminata)
German Cockroach (Blatella germanica)
European starling (sturnus vulgaris)
House sparrows (Passer domesticus)
Rock Dove - Pigeon (columba livia)
Tree-of-Heaven - Ailanthus Ailanthus altissima
Eucalyptus (Bluegum Eucalyptus) Eucalyptus globulus
Asian Long-horn beetle Anoplophora glabripenis
House mouse Mus Musculus
Australian spider beetle Ptinus tectus
Brown-banded cockroach supella supellectilium
American Cockroach Periplaneta americana
German cockroach Blattella germanica
Mongoose Herpestes auropunctatus
strawberry Guava and a species of Privet
crab-eating Macaque Macaca fascicularis
European Green crab (East coast Introduction)
Brown Rat (Rattus norvegicus)
Killer bee Apis mellifoer scutellata
Rusty Crayfish Orconectes rusticus — Poisons = DDT, BHC
Cane Toad Bufo marinus — Alar
milk thistle Carduus nutans
Purple loostrife Lythrum salicaria
Nutria Myocastor coypus
Water hyacinth Eichornia crassipes
Green Crab Carcinus maenas
Asiatic Clam Corbicula fluminea
Dandelion Taraxacum offcinale
Mongoose Herpestes auropunctatus
Red-eared pond slider Chrysemys Scripta
kudzu pueraria lobata

Athene noctua
bats (species various)
Hirundo rustica
Anas platyrhynchos
"Falster Test Area"
Denmark

BIOCIDES

Herbicide

- Linuron ✓
- 2, 4-D
- 2, 4, 5-T ✓
- metam sodium
- Chlorsulfoton
- atrazine
- cyanazine
- simazine
- alachlor ✓
- ~~metolachlor~~
- 1, 3-D
- ? ethylene dibromide (EDB)
- 2,3,7,8,-TCDD á type of Dioxin
- ~~acifloorf~~
- acifluorfen
- thiobencarp
- bromoxynil
- Cyanazine ✓
- dicamba
- dinoseb ✓
- Metolachlor
- Metribuzin ✓
- simazine
- trifluralin
- Methoxychlor
- atrazine
- hexachlorobenzene
- tebuthiuron (spike 20p) - granular ✓
- glifosate liquid

- ? ethylene dibromide (EDB)
- dinoseb
- Alar
- dimethyl hydrazine
- guthion
- Endosulfan
- Carbaryl
- dimethoate
- methamidophos
- chlorpyrifos - Fungicide
- BHC - alpha
- pentachlorphenol
- HCB

Fungicide

- Zineb ✓
- captafol
- captan ✓
- maeb
- mancozeb
- Folpet
- chlorothalonil
- Metiram
- Benomyl ✓
- O-phenylphenol ✓
- EBDC ✓ (ethylene-bis-dithiocarbamates (EBDC)
- Chlorpyrifos ✓
- Carbendazim

Insecticide

- carbofuran
- permethrin
- chlordimeform
- copper arsenate (Paris green)
- Pyrethrum
- DDT
- Benzene hexachloride (BHC)
- chlordane ✓
- parathion
- toxaphene
- dieldrin / ~~HCH~~
- methoxychlor
- aldrin
- bendiocarp
- fenitrothion
- malathion ✓
- permethrin
- Pirimiphos-methyl
- Propoxur
- diazinon
- endrin
- Toxaphene
- methyl parathion
- Lead arsenate
- calcium arsenate
- cryolite
- barium fluosilicate
- copper acetoarsenite (Paris Green)
- bufencarb
- ~~aldrin~~
- carbofuran
- phorate
- chlorpyrifos
- fonofos
- ? dibromochloropropane (DBCP)
- Toxaphene
- Oxychlordane
- trans-nonachlor
- heptachlor
- heptachlor epoxicide
- DDE
- DDD
- DDA
- Hexachlorobenzene
- Chlorpyrifos
- aldicarb

good one → diazinon

good ones ✓

- Sevin XLR Plus
- Telone II
- Telone II ✓

Some Notes Toward a Manifesto for Artists working with, or about the Living World

1. We are not living in a simple age and as artists of ~~our~~ the time our work reveals complex contraditions between science and art, between empiricism and the ideal, between nature and technology and between aesthetic conventions and novel form of visualization. Our goals vary; while some may wish to dissolve the contraditions in our social relations to the natural world, others may be invested in analyzing or highlighting them.

2. A. Humans do not stand outside of nature; we too are animals are ~~[illegible]~~ part of the very thing we have tried to control, whethe to exploit or to protect.

   B. Just as humanity can not be separated from nature, so our conception of nature cannot be said to stand outside of culture and society. We construct and are constructed by nature.

3. Our work, rather then being 'about nature', can be better characterized as being focused on ideas about nature.

4. Artists working with living organisms must know what they are doing. The take responsibility for the plant or animal's welfare. If an organism dies during an exhibition, the viewer should assume the death to be intentioned by the artist.

5. Artist do not break international wildlife protections laws (unless those laws are irrational).

6. The relationship we have to living organisms is a passionate one. Our subject rules our lives. We live breath and eat our field of investigation. This passion is essential for the productoin of compelling artwork.

7. Artists who produce work about biology or who collaborate with fungus, plants or animals are not bound by form or materials. One can produce an argument in many different languages; no form of expression is more perfectly suited for ecological issues. Painting, architecture, landscape design, photography, performance, virtual technology, sculpture, installation, video, horticulture and agit-prop have all been ~~explored~~ deployed to great success.

8. Understanding the past's traditions of nature, in folk culture, science, aesthetics, philosophy and religion is a source of illumination for the present and also the

Small Game

floor plan of Smart museum

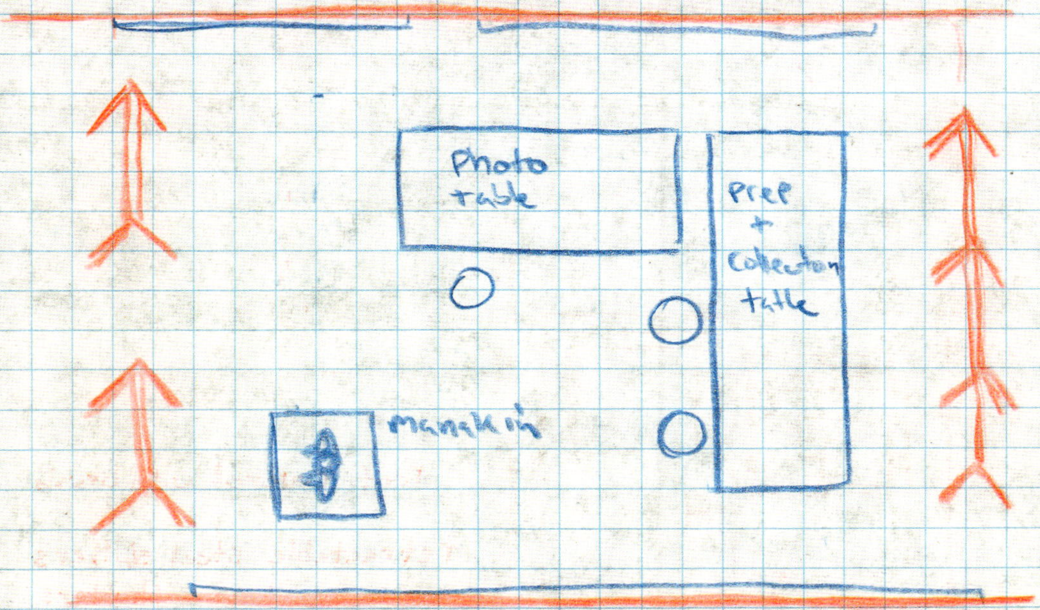

rouges gallery of arthropods

10" deep
12" high

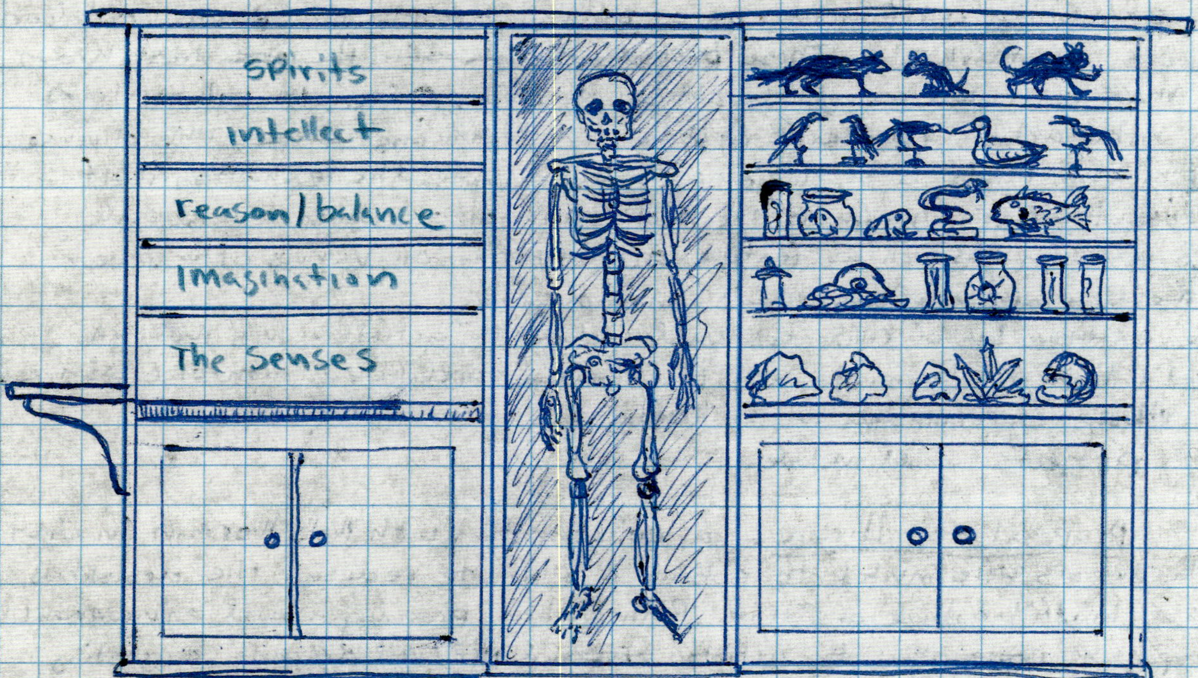

More birdwatching facts   U.S. Fish and Wildlife Service
between 42 and 50 million Americans over the age of 16 watch birds
That is more then people who hunt and fish combined
birders spend more than 20 billion a year on books, travel, optics, gear, seed and feeders
bird watchers have had a direct possitive economic effect on struggling small coastal towns in texas and other rural communities
There are over a thousand stores catering to bird enthusiasts, 400 of which are franchises like Wildbird Unlimited. Since first being published in 1934 Roger Tory Peterson's field guide to birds has sold over 8 million copies

Studies show that in places like the Delaware Bay the local ecotourism industry out paced the destructive industry of horeshoe crab havesting economically

One out of every six bird species in North America is in trouble, declining 2 to 10 percent a year; over 20 or 30 years, that means whole species would be cut in half
Frank Gill, director of Science for the National Audubon society

Some banned books

Are You there God? It's me Margaret   Judy Blume
The Adventures of Sherlock Holmes   Sir Arthur Conan Doyle
Our Bodies, Ourselves   Boston Women's Health Book Collective
The Diary of Anne Frank   Anne Frank x
To kill a Mockingbird   Harper Lee x
Webster's Ninth New Collegiate Dictionary
The Adventures of Huckleberry Finn   Mark Twain x
Tom Sawyer   Mark twain
A Clockwork Orange   Anthony Burgess
The Color Purple   Alice Walker x
If Beale street could talk   James Baldwin
Tell It To The King   Larry King
The Lorax   Dr. Seuss
~~Steph.~~ Christine   Stephen King
Amen Corner   James Baldwin
Address to the German Nobility   Martin Luther
The Age of Reason   Thomas Paine
Alice's Adventures in Wonderland   Lewis Carroll
As I Lay Dying   William Faulkner
The Bell Jar   Sylvia Plath x
The Best Short Stories by Negro Writers   Langston Hughes
Biology   Karen Arms and Pamela S. Camp
Brave New World   Aldous Huxley
Candide   Francois Voltaire
Catch 22   Joseph Heller
The Catcher in the Rye   J.D. Salinger
Charle and the Chocolate Factory   Roald Dahl
Daddy was a Number Runner   Louise Meriwether
Declaration of Independence   V.I. Lenin
Dialogue Concerning the Two Chief World Systems   Galileo Galilei
The Divine Comedy   Dante Alighieri
Faust   Goethe
Garfield: His Nine Lives   Jim Davis
Go Ask Alice   Anonymous x
The Great Gatsby   F. Scott Fitzgerald x
Guide of the Perplexed   Maimonides
The Happy Prince and Other Stories   Oscar Wilde
Howl and other Poems   Allen Ginsberg
Invisible MAN   Ralph Ellison x
J'accuse   Emile Zola
Lady Chatterley's Lover   D.H. Lawrence x
The Last Temptation of Christ   Nikos Kazantzakis
Leaves of Grass   Walt Whitman
Madame Bovary   Gustave Flaubert x

Plants
New Bedford Harbor - flat file containing artifacts
Animals
Rocks + minerals
books
Water, sand and
Dredge
Gear

Phytoplankton consists of free floating, unattached plants which move about only as the water medium does. Most are unicellular, microscopic forms. Never the less they are vast in numbers accounting for 95% of the sea's vegetation. Phytoplankton may be diatoms, dinoflagellates, silicoflagellates, and a few blue-green algae. Most abundant are the diatoms

Green Algae (Chlorophyta) Brown Algae (Phaeophyta) Red Algae (Rhodophyta)

Seaweeds mostly grow firmly fixed at their base

Branching in Marine Algae

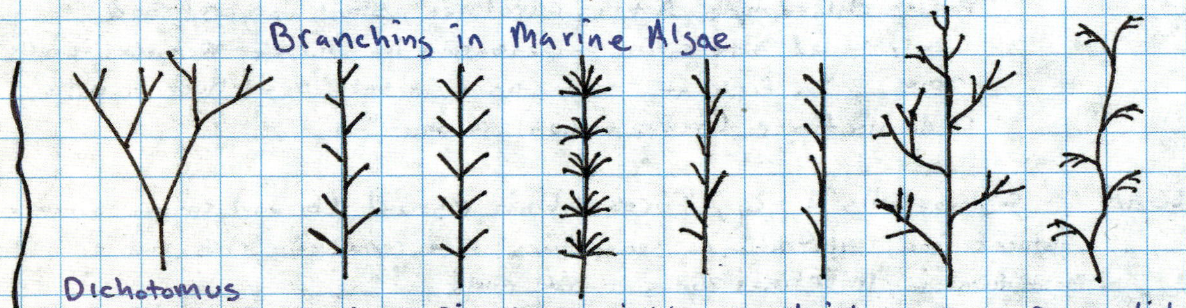

Row of cells constituting an uniserate filament

Holdfasts

A. simple, Modified, basal Cell (Chaetomorpha)

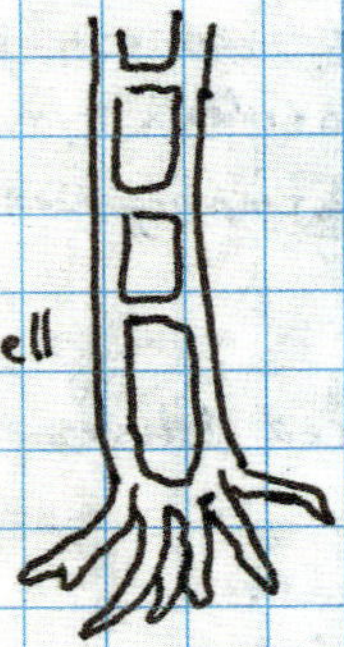

B. unicellular rhizoids (Lophosiphonia)

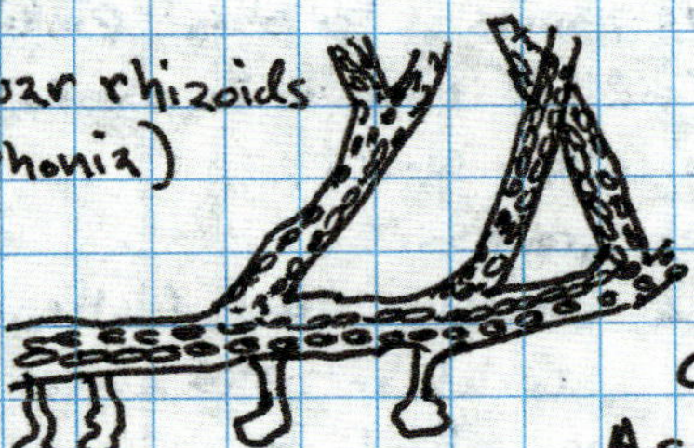

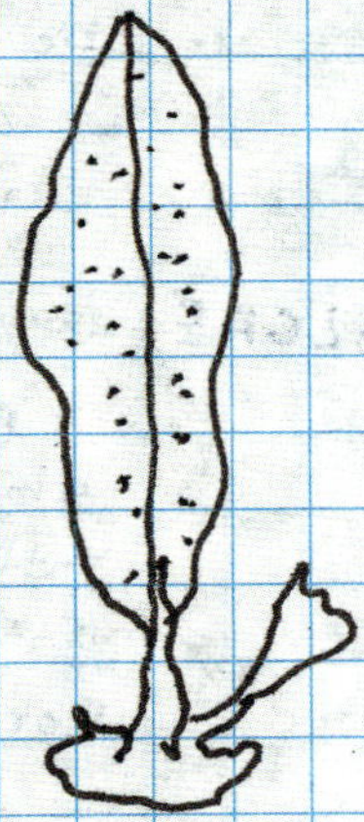

C. A solid basal Disk (Grinnellia)

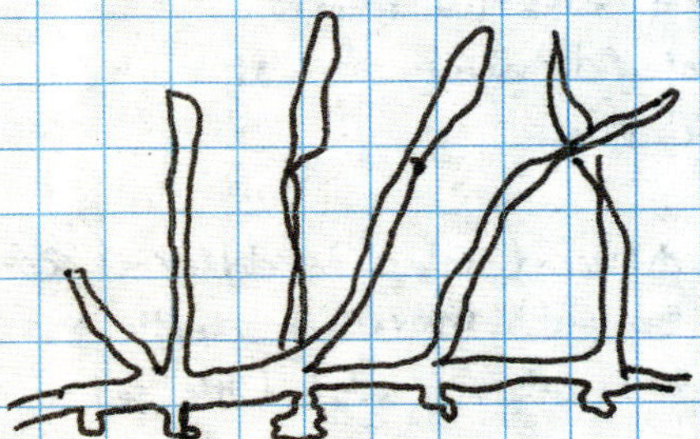

D creeping stolons with adherent disks (Gelidium)

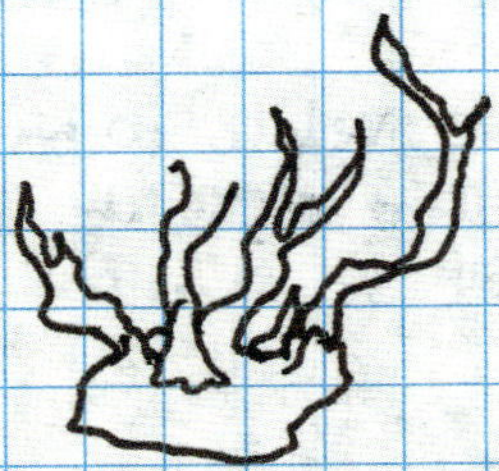

E A HORNY CONE (Sargassum)

Leech

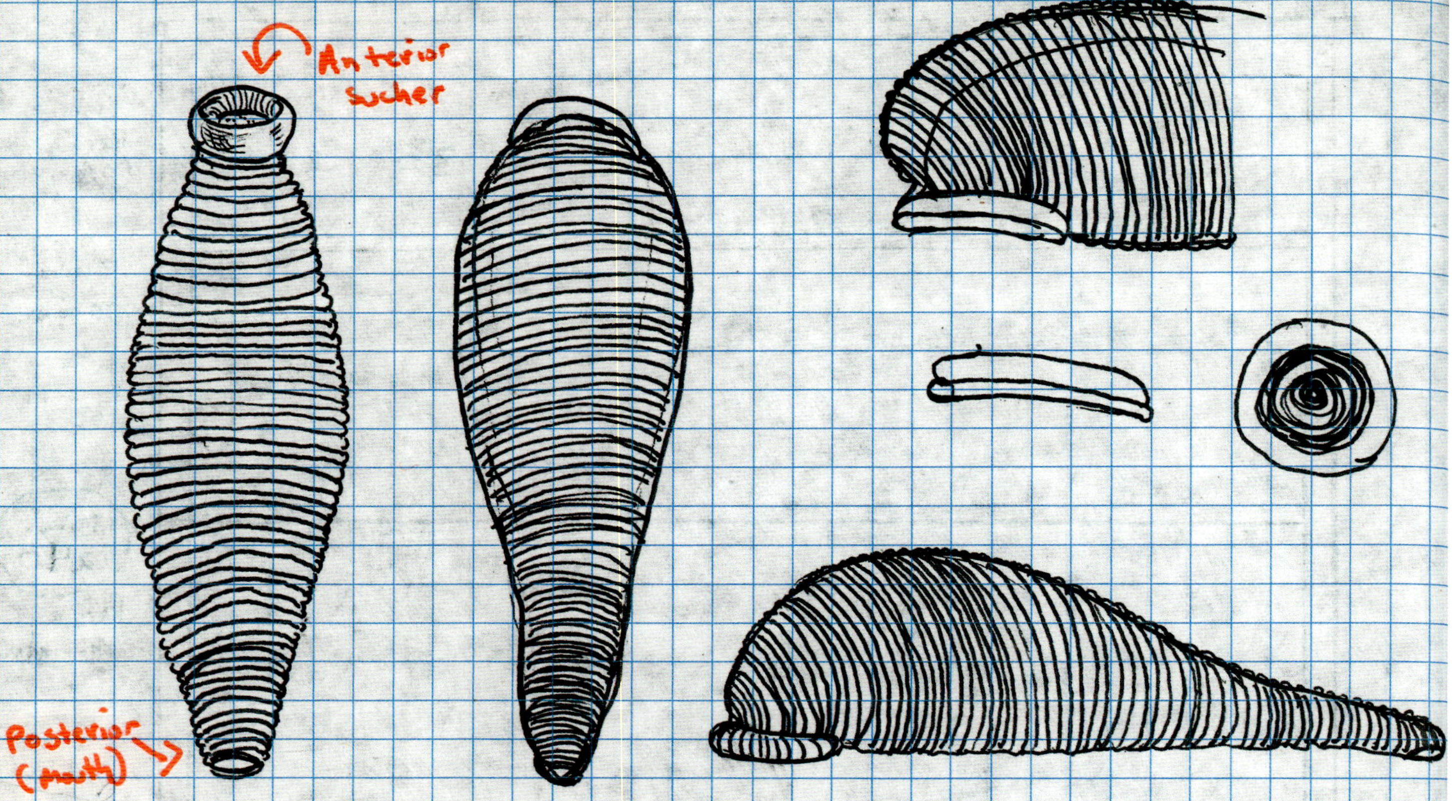

Leeches: class Hirudinea

have no bristles and the external segmentation of the body does not correspond to internal segments. body is solid, coelomic spaces crowed out by the growth of connective tissue. Number of segments definite - do not get more with age. Each end of body has a sucker posterior sucker larger, anterior sucker is the mouth. Posterior sucker attaches to host anterior sucker makes wound and takes blood.

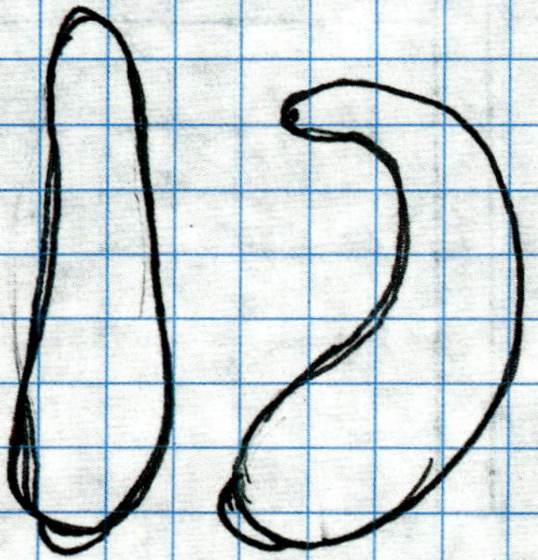

Leeches lead a semi parasitic life most are aquatic the salivary glands of leeches manufacture an anti coagulant called hirudin. When the digestive tract is full a leech will drop off its prey and remain torpid while digesting. A meal may last several month

animals are hermaphroditic

In a single meal a leech may take two or three times its own body weight in blood.

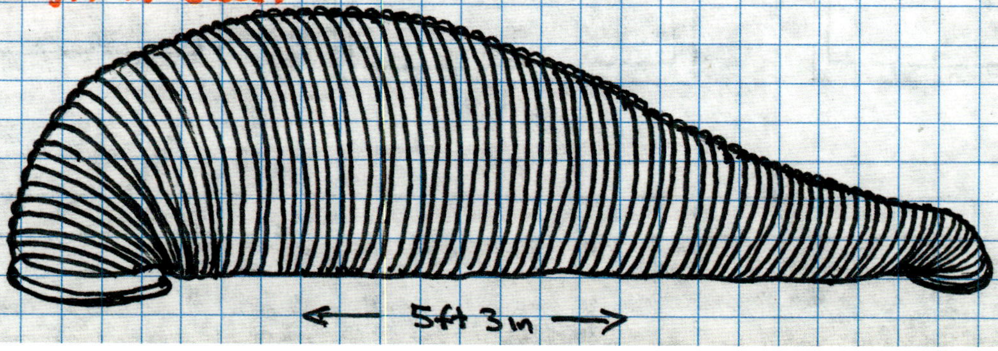

Exhibition should also include a selection of sketch books, travelogs, expedition lists, scrap books and archive boxes.

Karl Ernst Osthaus-Museum Der Stadt Hagen

THE SEVEN LAMPS OF UTOPIA:

1. Paradise (body/bodies)
2. Temple (faith and spirituality)
3. Ark (nature)
4. Cloister (Society and Knowledge)
5. Babel (language and technology)
6. Pyramid (time)
7. Labyrinth (the search of self knowledge)

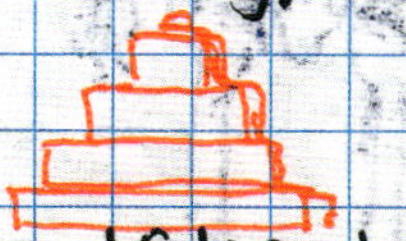

construction #1 Paradise

construction #2
Temple

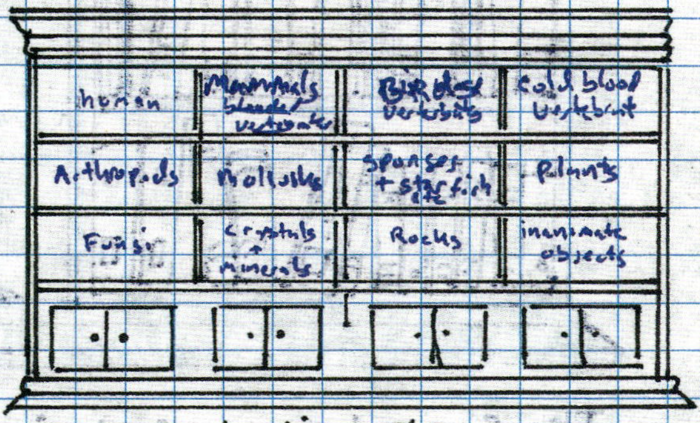

construction #3
ARK

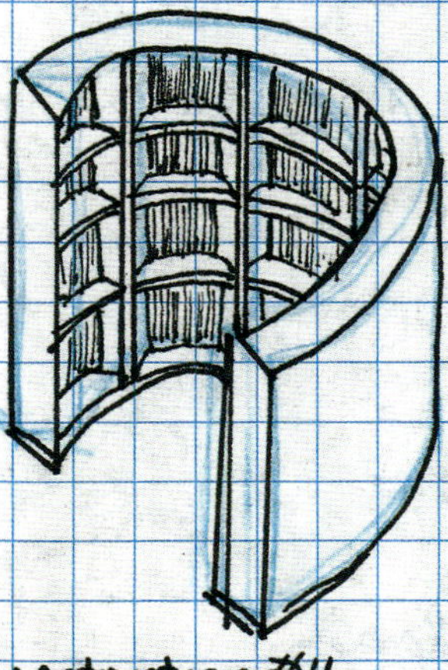

construction #4
Cloister

construction #5
Babel

construction #6 Pyramid

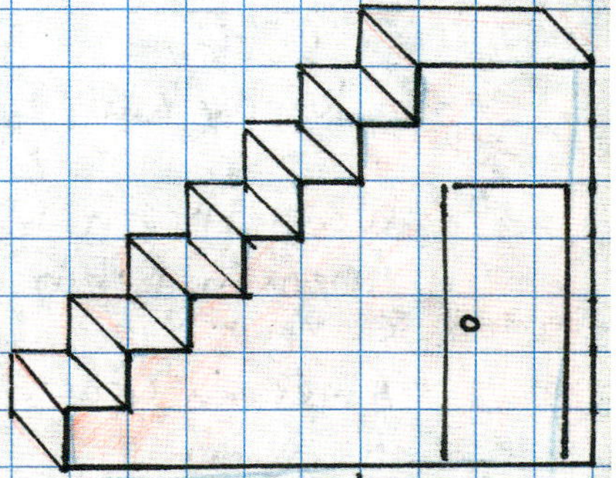

construction #7
Labyrinth

Notes

Seattle Art Museum - Olympic Sculpture Park

Proposal II

Seattle Vivarium

A vast local cedar tree, long dead and in a state of early decay would be moved an housed in a specially constructed green house. The structure would be long and narrow and could be entered by the public during official hours but still seen even when closed. The tree itself though dead acts as host to dozens of organisms (fungi, plant and animal). The project encapsulates the process of decomposition and renewal of life which in the case of a cedar can take decades. Tile around the base of the green house depict the decomposer species and their predators.

Contingent factors: the scale of these piece can varry from 30 feet long to 100 feet long depending on available space, the park design and the tree itself. I feel that the bigger the piece is the more successful it will be.

Assets of Proposal II:

I. this is a knock-out piece, with an accessible core and rich poetic resonance. It is a work of general public appeal yet has art historical precedence.

II. Provides an opportunity for partnership with ecological groups, Parks service, and, or botanical garden.

III. project is modular and can be integrated into the park's overall design.

IV. the work enteres into a discussion about the city's historic ecology, a topic of great interest to many.

V. the work's appeal on an educational and ecologic level may appeal to funderes not interested in art.

VI. the work will change every day, always becoming different.

Drawbacks of Proposal II

I. This is another building on the park.

II. I have done a similar work elseware and thus while this one would be site-specific some may not understand how.

III. There would be maintenance required, although low.

IV the tree would need to be replaced every 30-40 years

Other notes: while a version of the piece could be constructed in which people did not ~~enter~~ enter the greenhouse, I feel that the space could have remarkable value as classroom space. It also has huge potential as quite, escape the rain space.

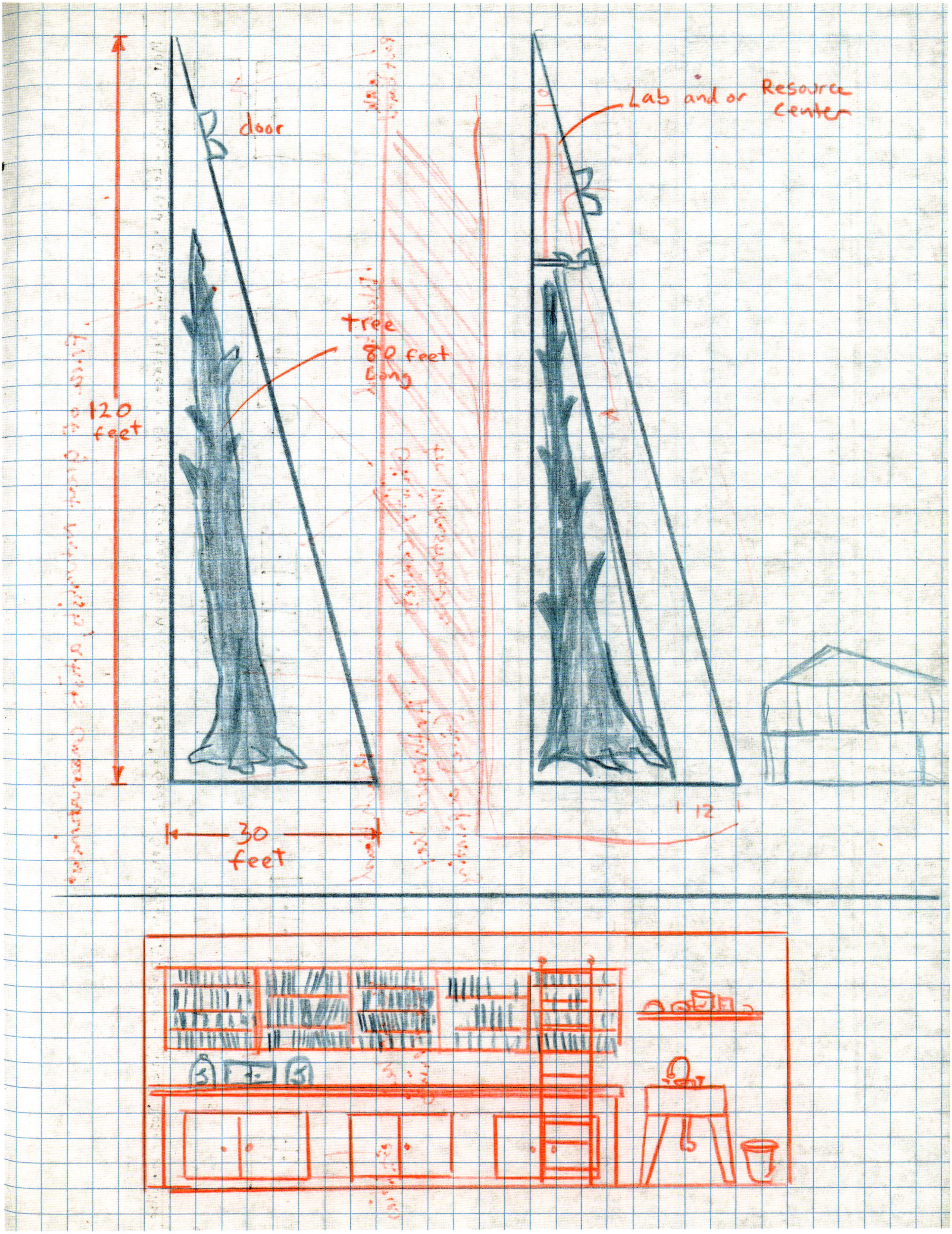
door
Lab and or Resource Center
tree 80 feet long
120 feet
30 feet
12

LISTE DES ŒUVRES | WERKLISTE

1 Naturalistes | Naturforscher, 1894, carte postale | Postkarte. Collection Muséum d'histoire naturelle de Nîmes. Photo | Fotografie L. Mingaud.

2 Départ pour une sortie naturaliste | Aufbruch zu einer naturkundlichen Exkursion, 1875, carte postale | Postkarte. Collection Société d'étude des sciences naturelles de Nîmes et du Gard.

I - MUSEUMS AND THE CULTURE OF COLLECTING

11 Mark Dion & Robert Williams, *Theatrum mundi : Armarium*, 2001, cabinet en bois, objets divers | Kabinettschrank, diverse Gegenstände, 281 x 280,5 x 63 cm. Dimitris Daskalopoulos Collection, Greece. ⊙

13 *Departement of Tropical Research*, 2005, objets divers | diverse Gegenstände, 298 x 340 x 250 cm. Courtesy Galerie In Situ/Fabienne Leclerc, Paris. ⊙

14 Liste d'équipement de Mark Dion pour partir en expédition | Mark Dions Ausrüstungsliste für eine Expedition.

15A Mark Dion au campement de la réserve naturelle de Cockscomb Basin, Bélize | Mark Dion im Camp des Cockscomb Basin Wildschutzgebietes, Belize, 1992. Photo | Foto Paul Towell.

15B Mark Dion en train de recueillir des spécimens pour "On Tropical Nature" | Mark Dion bei der Entnahme von Pflanzenproben für "On Tropical Nature", 1991. Photo | Foto Bob Braine.

16A *South Florida Wildlife Rescue Unit-The Uniforms*, 2006, deux mannequins, vêtements, matériels divers | zwei Schaufensterpuppen, Kleidungsstücke, diverse Ausrüstungsgegenstände, h | H: 177 cm. Courtesy Miami Art Museum and Tanya Bonakdar Gallery, New York. Photo | Foto Tim McAfee, Miami, FL.

16B *South Florida Wildlife Rescue Unit-Mobile Unit (détail)*, 2006, installation technique mixte | Installation in Mischtechnik. Courtesy Miami Art Museum and Tanya Bonakdar Gallery, New York. Photo | Foto Tim McAfee, Miami, FL.

17A *South Florida Wildlife Rescue Unit-Logo*, 2006. Courtesy Miami Art Museum and Tanya Bonakdar Gallery, New York.

17B *South Florida Wildlife Rescue Unit-Mobile Unit*, 2006, installation technique mixte | Installation in Mischtechnik. Courtesy Miami Art Museum and Tanya Bonakdar Gallery, New York. Photo | Foto Tim McAfee, Miami, FL.

19 *Collection Index Digne*, 2003, cabinet en bois, objets divers | Kabinettschrank, diverse Gegenstände. Musée Gassendi, Digne-les-Bains.

20ABC-21 *Bureau of the Centre for the Study of Surrealism and its Legacy*, 2005. The Manchester Museum and the AHRB Research Centre for Studies of Surrealism and its Legacies. Photo | Foto Richard Weltman.

22AB-23AB *Chamber of Curiosities*, 2003. University of Tokyo. Photo | Foto Norihiro Ueno.

II - DEPARTMENT OF EARTH SCIENCE

24 Série de silex taillés | Behauene Feuersteine, fin XIXe – début XXe siècle | Ende 19.-Anfang 20. Jahrhundert. Collection Muséum d'histoire naturelle de Nîmes.

25 Ichthyosaurus - Plesiosaurus, XIXe siècle | 19. Jahrhundert, gravure | Stich.

26 *The Tar Museum-Cave Bear*, 2006, caisse de transport en bois, goudron, moulage en résine, céramiques, clés, couteau, livres, outils, roue | hölzerne Transportkiste, Teer, Harzguss, Keramik, Schlüssel, Messer, Bücher, Werkzeuge, Rad, 121,5 x 178 x 221,5 cm. Courtesy Georg Kargl, Vienna.

27 *Deep Time Closet*, 2001, bois, asphalte, lumière, peinture, goudron | Holz, Asphalt, Licht, Farbe, Teer, 198 x 86 x 259 cm. Courtesy Georg Kargl, Vienna. ⊙

28 Ensemble de la Grotte Nicolas, groupe Spéléo-Archéologique d'Uzès | Fundstücke aus der Höhle "Grotte Nicolas, Speläologisch-Archäologische Vereinigung von Uzès", fin XIXe – début XXe siècle | Ende 19.-Anfang 20. Jahrhundert, carte postale | Postkarte. Collection Muséum d'histoire naturelle de Nîmes.

29A *Boxes of the Paleontologist*, 1993, caisses en bois, divers objets, fossiles en plâtre, paille | Holzkisten, diverse Gegenstände, Gipsabgüsse von Fossilien, Stroh, env. | ca. 220 x 145 cm. Collection IAC-Frac Rhône-Alpes, Villeurbanne (Lyon). ⊙

29B *Desk of the Paleontologist*, 2001, bureau, objets divers | Arbeitstisch, diverse Gegenstände, 70 x 15 cm. Collection Konstantinos Papageorgiou. ⊙

30 *Grotto of the Sleeping Bear-Revisited*, 1998, moulage de squelette d'ours, livres, tasse cassée, réveil, lanterne, chapeau, bêche, hache, boîte de cartouches, essieu, feuilles, vitrine en verre | Bärenskelett-Abguss, Bücher, zerbrochene Tasse, Wecker, Laterne, Hut, Spaten, Axt, Patronenschachtel, Achse, Laub, Glasvitrine, 109 x 123 x 223 cm. Galerie Christian Nagel, Cologne/Berlin. ⊙

31 Crâne d'ours des cavernes | Schädel eines Höhlenbären. Collection Muséum d'histoire naturelle de Nîmes.

III - ENTOMOLOGY

32 Taupe | Maulwurf, XIXe siècle | 19. Jahrhundert, gravure | Stich.

33 *Les Nécrophores-L'Enterrement (Hommage à Jean-Henri Fabre)*, 1997, fourrure synthétique, corde, moulages en résine | Synthetikpelz, Schnur, Harzguss, 250 x 125 x 140 cm. Collection Antoine de Galbert, Paris. ⊙

34 *A Collection of Arthropods gather early one morning on an Expedition in Guyana*, 2004. Photo | Foto Bob Braine.

36-37AB *The Great Munich Bug Hunt*, 1993, cabinet en bois, objets en verre, spécimens, sacs plastique, photographies | Kabinettschrank, Gläser, Tierpräparate, Plastikbeutel, Fotografien. Collection Gunther Lorenz, München. Courtesy Galerie Christian Nagel, Cologne/Berlin. ⊙

38-39 *Grasshopper Monologue*, 1997, texte et collage sur papier | Text und Collage auf Papier.

40 *Round up: An Entomological Endeavor for the Smart Museum of Art*, 2000, mannequin, chemise, veste, pantalon, ceinture, bottes, casquette, bocaux, filet à papillons, brosse, loupe, mètre-ruban, chiffon, pince à épiler, verre, pipette, 6 éprouvettes, 2 stylos, couteau de poche, sac, lampe torche et photographies | Ausstellungspuppe, Hemd, Weste, Hose, Gürtel, Stiefel, Mütze, Gläser, Schmetterlingsnetz, Bürste, Lupe, Messband, Lappen, Epilierpinzette, Glas, Pipette, 6 Reagenzgläser, 2 Kugelschreiber, Taschenmesser, Tasche, Taschenlampe und Fotografien, chaque photographie | alle im Format 23 x 25,3 cm, mannequin | Ausstellungspuppe h. | Höhe : 180 cm. Galerie Christian Nagel, Cologne/Berlin. ⊙

41AB *A Meter of Meadow*, 1995. Exposition | Ausstellung "Unseen Fribourg", Fri-Art Fribourg. Photo | Foto Eliane Laubscher.

42A Jean-Henri Fabre observant des insectes dans son laboratoire | Jean-Henri Fabre bei der Insekten-Beobachtung in seinem Labor, début XXe siècle | Anfang 20. Jahrhundert. © Albert Harlingue/ Roger-Viollet.

42B-43 *Souvenirs Entomologiques*, 1997. Courtesy Galerie In Situ/Fabienne Leclerc, Paris.

IV - ARCHEOLOGY

44 Fouilles de sépultures néolithiques | Freilegung von Gräbern aus der Jungsteinzeit, XIXe siècle | 19. Jahrhundert, photographie | Fotografie. Collection Musée Archéologique de Nîmes.

45 *Raiding Neptune's Vault*, 1997-1998. Courtesy Galleria Emi Fontana, Milano.

46-47 *The Allegory of History*, 2002-2003, meuble en bois, céramiques et récipients | Holzmöbel, 180 x 80 x 54 cm. Courtesy Galleria Emi Fontana, Milano. Photo | Foto Roberto Marossi.

48AB-49AB Mark DION & Bob BRAINE, *Inward Bound: Journey to the Center of the World*, 1999, installation technique mixte : 16 photos couleur, 2 boîtes avec vêtements, objets et équipement | Mischtechnik-Installation: 18 Farbfotografien, 2 Schachteln mit Kleidern, Gegenständen und Ausrüstung : 36 x 46 cm & 112 x 80 cm, boîtes | Schachteln : 40 x 40 x 40 cm & 40 x 40 x 50 cm. Images | Bilder Villa Medici, Roma. Courtesy Galleria Emi Fontana, Milano. ⊙

50ABC *Tate Thames Dig*, 1999, document photographique des fouilles | Fotodokument der Grabungen. Courtesy Tate Gallery of Modern Art, London and the artist.

51 *Tate Thames Dig-Locker*, 2000, armoire, livres d'archéologie, équipement de laboratoire, produits chimiques, vêtements de travail, objets | Schrank, Archäologie-Bücher, Laborausrüstung, Chemikalien, Arbeitskleidung, Gegenstände, 72 x 24 x 21 cm. Courtesy Tanya Bonakdar Gallery, New York.

52A-53 *Rescue Archeology*, 2004, vue de l'installation au MOMA | Ansicht der Installation im MOMA, MOMA. Photo | Foto courtesy Tanya Bonakdar Gallery, New York.

52B *Treasure Chests (Precious Metals, Jewels, Pearls)*, 1998. Courtesy American Fine Arts Co.

V - ORNITHOLOGY

54 Planche d'ornithologie | ornithologische Lehrtafel, XIXe siècle | 19. Jahrhundert, gravure | Stich.

55 *Portrait of a Collector*, 2004, pie empaillée, cloche en verre, guéridon en bois, objets divers | ausgestopfte Elster, Glasglocke, Holztisch, diverse Gegenstände, 148 x 30 cm. Collection particulière | Privatbesitz, Paris. Courtesy Galerie In Situ/Fabienne Leclerc, Paris. Photo | Foto Bertrand Huet/Tutti.

56-57 *Library for the Birds of Massachusetts*, 2005, MASS MoCA, North Adams. Photo | Foto MASS MoCA.

58 *Monument to the Birds of Guam*, 2005, dessin | Zeichnung. Courtesy Galerie In Situ/Fabienne Leclerc, Paris.

59 *Monument to the Birds of Puffin Island*, 2006, dessin | Zeichnung. Courtesy Galerie In Situ/Fabienne Leclerc, Paris.

60 *Library for the Birds of Antwerp*, 1993, oiseaux vivants, arbre, céramique, livres, photos et technique mixte | lebende Vögel, Baum, Fliesen, Bücher, Fotografien und Mischtechnik. Vue de l'installation au | Ansicht der Installation im Museum van Hedendaagse Kunst, Antwerp. Courtesy American Fine Arts Co.

62 *Alexander Wilson-Studio*, détail | Detail, 1999, structure en bois, objets variés, livres, illustrations d'oiseaux, oiseaux taxidermisés | Holzkonstruktion, diverse Gegenstände, Bücher, Vogelillustrationen, präparierte Vögel, 243,8 x 365,8 x 274,3 cm. The Carnegie Museum of Art, Pittsburgh, PA. Photo | Foto courtesy Tanya Bonakdar Gallery, New York.

63A *The Tar Museum-Goose*, 2006, caisse de transport en bois, goudron, oie en plastique, papier mâché, plantes | hölzerne Transportkiste, Teer, Plastikgans, Papiermaché, Pflanzen, 83 x 46 x 174 cm. Courtesy Georg Kargl, Vienna.

63B *The Tar Museum-Heron*, 2006, caisse de transport en bois, goudron, héron en plastique | hölzerne Transportkiste, Teer, Fischreiher aus Plastik, 83 x 46 x 185 cm. Courtesy Georg Kargl, Vienna.

63C *Flamingo*, 2002, flamand rose taxidermisé, caisse en bois, goudron | präparierter Flamingo, Holzkiste, Teer, 176 x 70 x 51 cm. Galerie Christian Nagel, Cologne/Berlin. ⊙

64 *Raptor*, 1999, tirage aux rayons X | Röntgenbild. Courtesy Tanya Bonakdar Gallery, New York.

65 *Water Foul*, 1995, canards naturalisés, goudron, plumes | ausgestopfte Enten, Teer, Federn, 70 x 65 cm. Courtesy Galerie Christian Nagel, Cologne/Berlin. Photo | Foto Simon Vogel.

VI - MAMMALOGY

66 Vue de l'ancienne salle des mammifères du Muséum | Ansicht des alten Säugetier-Saales im Naturhistorischen Museum, fin XIXe-début XXe siècle | Ende 19.-Anfang 20. Jahrhundert, carte postale | Postkarte. Collection Muséum d'histoire naturelle de Nîmes.

67 *The Death of the Rat*, détail | Detail, 2006. Courtesy Georg Kargl, Vienna.

68 *Ursus maritimus*, 1992-2002, 21 photographies noir et blanc | 21 Schwarzweiß-Fotografien, chacune | alle im Format 42,5 x 49 cm. Courtesy Galerie In Situ/Fabienne Leclerc, Paris. ⊙

70A *C. 1933, C. 1917, C. 1964*, 1998, moulages de crânes (grizzli mexicain, loup de Tasmanie, loup noir) | Abgüsse von Schädeln (Mexikanischer Grizzli, Tasmanischer Wolf, Schwarzer Wolf), 40 x 84 x 69 cm. Courtesy Galerie In Situ/Fabienne Leclerc, Paris.

70B *Dundee Bear Broch*, 2005, Camperdown Wildlife Park, Dundee. Photo | Foto Ruth Clark. Courtesy Dundee Contemporary Art.

70C *Dundee Bear Broch (interior)*, 2005, Camperdown Wildlife Park, Dundee. Photo | Foto Ruth Clark. Courtesy Dundee Contemporary Art.

71 *Grotto of the Sleeping Bear*, 1997, boîte en bois, bâche en plastique, ours artificiel, chapeau de chasseur, roue, hache, vase, fourche, réveil, tasse à thé, lanterne | Holzkiste, Plastikplane, künstlicher Bär, Jägerhut, Rad, Axt, Gefäß, Gabel, Wecker, Teetasse, Laterne. Photo | Foto Colin De Land, American Fine Arts Co.

72 *Hunting Standard (Stag)*, 2005, bannière en feutre | Banner aus Filz, 133 x 102 cm. Courtesy Galerie In Situ/Fabienne Leclerc, Paris. ⊙

73A *Hunting Standard (Boar)*, 2005, bannière en feutre | Banner aus Filz, 94,5 x 148,5 cm. Courtesy Galerie In Situ/Fabienne Leclerc, Paris. ⊙

73B *Hunting Standard (Rabbit)*, 2005, bannière en feutre | Banner aus Filz, 97,5 x 139 cm. Courtesy Galerie In Situ/Fabienne Leclerc, Paris. ⊙

74 *Hunting Standard (Rifle)*, 2005, bannière en feutre | Banner aus Filz, 184 x 74 cm. Courtesy Galerie In Situ/Fabienne Leclerc, Paris. ⊙

75 *Hunting Standard (Fox)*, 2005, bannière en feutre | Banner aus Filz, 147,5 x 93,5 cm. Courtesy Galerie In Situ/Fabienne Leclerc, Paris. ⊙

76 *Park : Mobile Wilderness Unit*, 2001, bison d'Europe naturalisé, décor peint, terre, feuilles, cailloux, fougères et champignons artificiels | ausgestopfter europäischer Wisent, Hintergrundmalerei, Erde, Laub, Steine, künstliche Farne und Pilze, 290 x 170 x 380 cm. Courtesy Georg Kargl, Vienna. ⊙

78A *Later Share Khan*, 1990, boîte en carton, tête de tigre naturalisé | Kartonschachtel, ausgestopfter Tigerkopf, 33 x 62 x 40 cm. Courtesy Galerie In Situ/Fabienne Leclerc, Paris. Photo | Foto Marc Domage/Tutti.

78B *Mobile Wilderness Unit-Wolf*, 2006, petite remorque, loup taxidermisé, fond peint, terre, feuilles, pierres, plantes artificielles et champignons | kleiner Autoanhänger, präparierter Wolf, Hintergrundmalerei, Erde, Laub, Steine, künstliche Pflanzen und Pilze, 274 x 148 x 294 cm. Courtesy Georg Kargl, Vienna. ⊙

79 *Polar Bears and Toucans (from Amazonas to Svalbard)*, 1991, ours polaire en peluche, magnétophone à cassette, enregistrement realisé au Venezuela, caisse en bois, fil électrique, goudron, bassine | Eisbär aus Plüsch, Kassettenrekorder, Audiokassette mit Aufnahmen aus Venezuela, Holzkiste, Elektrokabel, Teer,

Waschwanne, 231 x 112 x 75 cm. Collection DuMont Schütte. Photo | Foto courtesy Tanya Bonakdar Gallery, New York. ◉

80 Vue générale de l'ancienne salle principale du Muséum | Gesamtansicht des früheren Hauptsaals des Naturhistorischen Museums, début XXe siècle | Anfang 20. Jahrhundert, carte postale | Postkarte. Collection Muséum d'histoire naturelle de Nîmes.

105 Vue de l'ancienne salle d'ornithologie du Muséum | Ansicht des ornithologiesaals des Naturhistorischen Museums, fin XIXe – début XXe siècle | Ende 19. Anfang 20. Jahrhundert, carte postale | Postkarte. Collection Muséum d'histoire naturelle de Nîmes.

VIII - ARCHIVES – PART I

106 *Dungeon of the Sleeping Bear*, 2005, crayons de couleur rouge et bleu sur papier | roter und blauer Buntstift auf Papier, 21,2 x 29,7 cm. Courtesy of the artist.

107 *Alligators*, 2006, crayons de couleur rouge et bleu sur papier | roter und blauer Buntstift auf Papier, 27,9 x 21,7 cm. Courtesy of the artist.

108 *Floodwater Residency Program-Gartow*, 2001, crayons de couleur rouge et bleu sur papier | roter und blauer Buntstift auf Papier, 29,7 x 21 cm. Courtesy of the artist.

109 *Tidal Aquarium*, 2006, crayons de couleur rouge et bleu sur papier | roter und blauer Buntstift auf Papier, 30,4 x 22,9 cm. Courtesy of the artist. ◉

110 *Tropical Rainforest Preserves*, n.d., crayons de couleur rouge et bleu sur papier | roter und blauer Buntstift auf Papier, 28 x 21,6 cm. Courtesy of the artist.

111 *The Bribe of Progress*, 2006, crayons de couleur rouge et bleu sur papier | roter und blauer Buntstift auf Papier, 35,1 x 28 cm. Courtesy of the artist. ◉

112 *Babel*, n.d., stylo rouge et bleu sur papier | roter und blauer Kugelschreiber auf Papier, 16,6 x 17,1 cm. Courtesy of the artist.

113 *Cloister*, n.d., stylo rouge et bleu sur papier | roter und blauer Kugelschreiber auf Papier, 16,6 x 17,1 cm. Courtesy of the artist.

114 *Jagdhütte (Interior Study)*, 2000, crayons de couleur rouge et bleu sur papier | roter und blauer Buntstift auf Papier, 21,6 x 27,8 cm. Courtesy of the artist.

115 *Cabinet J. et F. Sommer (intérieur)*, 2006, crayons de couleur rouge et bleu, collage sur papier | roter und blauer Buntstift und Collage auf Papier, 23 x 30,5 cm. Courtesy Galerie In Situ/Fabienne Leclerc, Paris. ◉

116 *The Mobile Gull Appreciation Unit*, 2006, crayons de couleur rouge et bleu sur papier | roter und blauer Buntstift auf Papier, 22,9 x 30,4 cm. Courtesy of the artist. ◉

117 *Tidal Aquarium*, 2006, crayons de couleur rouge et bleu sur papier | roter und blauer Buntstift auf Papier, 22,9 x 30,4 cm. Courtesy of the artist. ◉

118A *Untitled*, n.d., crayons de couleur rouge et bleu sur papier | roter und blauer Buntstift auf Papier, 28 x 40,7 cm. Courtesy of the artist.

118B *Seattle Vivarium (Olympic Sculpture Park)*, 2005, crayons de couleur rouge et bleu sur papier | roter und blauer Buntstift auf Papier, 28 x 37,7 cm. Courtesy of the artist.

119A *Seattle Vivarium*, 2002, crayons de couleur sur papier | roter und blauer Buntstift auf Papier, 23 x 30,6 cm. Courtesy of the artist and Tanya Bonakdar Gallery, New York. ◉

119B *Seattle Vivarium*, 2002, crayons de couleur sur papier | roter und blauer Buntstift auf Papier, 23 x 30,6 cm. Courtesy of the artist and Tanya Bonakdar Gallery, New York. ◉

IX - ARCHIVES – PART II

121-136 *Sketchbooks*, stylo, encre et collage sur papier | Kugelschreiber, Tinte und Collage auf Papier, chacun | alle im Format 26 x 19,6 cm. Courtesy of the artist. ◉

ŒUVRES EXPOSÉES MAIS NON REPRODUITES | AUSGESTELLTE, JEDOCH NICHT ABGEBILDETE WERKE

The Gift, 1993-2000, cabinet en bois, boîtes en cartons, objets | Kabinettschrank, Kartonschachteln, Gegenstände, 300 x 250 x 30 cm. Collection Karola Grässlin.

The National Botanical Survey-Coastal Collection, 1998, armoires métalliques, palette, presse pour les plantes, portemanteau, bottes de caoutchouc, outils variés, pots, papier, boîtes, matériel | Metallschränke, Palette, Pflanzenpresse, Kleiderständer, Gummistiefel, diverse Werkzeuge, Töpfe, Papier, Dosen, Material, 229 x 360 x 150 cm. Collection Daniel Janicot.

Interview with a Grasshopper, 1991, sauterelle, cage, microphone, magnétophone | Heuschrecke, Käfig, Mikrophon, Tonband. Collection particulière | Privatbesitz, Paris.

History Trash Dig, 1995-1996, commode en bois, différents objets, seau, livre, boîte en bois, photographies encadrées | Holzkommode, diverse Gegenstände, Eimer, Buch, Holzkiste, gerahmte Fotografien, dimensions variables | Maße variabel. Collection DuMont Schütte.

History Trash Scan, 1996, sacs, meubles de bureau, verre, céramique, spécimens naturels et artificiels, caisse, boîtes | Taschen, Büromöbel, Glas, Keramik und künstliche Präparate, dimensions variables | Maße variabel. Collection Michel et Colette Poitevin.

Monument aux Oiseaux de Guam, 2005, arbre, goudron, corde, serpents en plastique, base en acier | Baum, Teer, Schnur, Schlangen aus Plastik, Stahlsockel, dimensions variables | Maße variabel. Château d'Oiron.

Aviary, 2001-2007, cage cylindrique, arbre, objets divers et oiseaux vivants | zylindrischer Käfig, Baum, diverse Gegenstände und lebende Vögel, h. | Höhe : 5 m. Courtesy of the artist.

Concrete Jungle (The mammals), 1992, animaux taxidermisés, poubelles, sacs plastique, carton de bois, table à repasser, parapluie, caisses en bois, boîte de nourriture, magazines, autres déchets | präparierte Tiere, Mülltonnen, Plastiksäcke, Pappkarton, Bügeltisch, Regenschirm, Holzkisten, Lebensmittelpackung, illustrierte Zeitungen, andere Abfälle, 280 x 260 x 260 cm. Collection Gunther Lorenz, München.

Hunting Standard (Bear), 2005, bannière en feutre | Banner aus Filz, 140 x 194 cm. Courtesy Galerie In Situ/Fabienne Leclerc, Paris.

Tropical Rainforest Sampler, 1994, crayons de couleur rouge et bleu sur papier | roter und blauer Buntstift auf Papier, 23 x 16,4 cm. Courtesy Galerie In Situ/Fabienne Leclerc, Paris.

Hommage à Jean-Henri Fabre, 1997, crayons de couleur sur papier | Buntstifte auf Papier, 18,5 x 35 cm. Courtesy Galerie In Situ/Fabienne Leclerc, Paris.

Walled Garden, 1999, crayons de couleur sur papier | Buntstifte auf Papier, 64 x 75 cm. Courtesy Galerie In Situ/Fabienne Leclerc, Paris.

The Archeology Student, 2001, crayons de couleur sur papier | Buntstifte auf Papier, 36 x 43,7 cm. Courtesy Galerie In Situ/Fabienne Leclerc, Paris.

The Shipwreck, 2001, crayons de couleur rouge et bleu sur papier | roter und blauer Buntstift auf Papier, 22,9 x 30,5 cm. Courtesy Galerie In Situ/Fabienne Leclerc, Paris.

Hunting Standard (Wildboar), 2005, aquarelle et feutre sur papier | Aquarell und Filzstift auf Papier, 40 x 46 cm. Courtesy Galerie In Situ/Fabienne Leclerc, Paris.

Monument to the Birds of Guam, 2005, encre de Chine sur papier | Tusche auf Papier, 21 x 14,9 cm. Courtesy Galerie In Situ/Fabienne Leclerc, Paris.

The Grotto, 2005, crayons de couleur sur papier | Buntstifte auf Papier, 39 x 44,5 cm. Courtesy Galerie In Situ/Fabienne Leclerc, Paris.

Bureau of Remote Wildlife Surveillance (plan du dessus), 2006, crayons de couleur rouge et bleu sur papier | roter und blauer Buntstift auf Papier, 19,2 x 17,6 cm. Courtesy Galerie In Situ/Fabienne Leclerc, Paris.

Bureau of Remote Wildlife Surveillance (porte d'entrée), 2006, crayons de couleur rouge et bleu sur papier | roter und blauer Buntstift auf Papier, 18,9 x 17,7 cm. Courtesy Galerie In Situ/Fabienne Leclerc, Paris.

Bureau of Remote Wildlife Surveillance (vue bureau), 2006, crayons de couleur rouge et bleu sur papier | roter und blauer Buntstift auf Papier, 19,2 x 17,9 cm. Courtesy Galerie In Situ/Fabienne Leclerc, Paris.

Cabinet J. et F. Sommer (extérieur), 2006, crayons de couleur rouge et bleu sur papier | roter und blauer Buntstift auf Papier, 23 x 30,5 cm. Courtesy Galerie In Situ/Fabienne Leclerc, Paris.

Insignia for the South Florida Wildlife Rescue Unit, 2006, feutre noir et aquarelle sur papier | schwarzer Filzstift und Aquarell auf Papier, 21,8 x 25,6 cm. Courtesy Galerie In Situ/Fabienne Leclerc, Paris.

Monument to the Birds of Puffin Island, 2006, encre de Chine sur papier | Tusche auf Papier, 20,2 x 14,9 cm. Courtesy Galerie In Situ/Fabienne Leclerc, Paris.

On the Tropic of Natural History, 2006, crayons de couleur rouge et bleu sur papier | roter und blauer Buntstift auf Papier, 21 x 14,9 cm. Courtesy Galerie In Situ/Fabienne Leclerc, Paris.

South Florida Wildlife Rescue Unit, 2006, feutre, crayon, gouache et collage sur papier | Filzstift, Bleistift, Gouache und Collage auf Papier, 28 x 35,5 cm. Courtesy Galerie In Situ/Fabienne Leclerc, Paris.

South Florida Wildlife Rescue Unit–Trailer, 2006, crayons de couleur rouge et bleu sur papier | roter und blauer Buntstift auf Papier, 21 x 14,9 cm. Courtesy Galerie In Situ/Fabienne Leclerc, Paris.

The Bribe of Progress, 1992, crayons de couleur sur papier | Bunstifte auf Papier, 21,6 x 29,2 cm. Courtesy of the artist and Tanya Bonakdar Gallery, New York.

The Great White Hunter Returns Home, 1992, aquarelle et stylo sur papier | Aquarell und Kugelschreiber auf Papier, 22,8 x 17,7 cm.
Courtesy of the artist and Tanya Bonakdar Gallery, New York.
History Trash Dig, 1995, crayons de couleur sur papier | Buntstifte auf Papier, 27,6 x 32,4 cm. Courtesy of the artist and Tanya Bonakdar Gallery, New York.
Cabinet of Curiosities for the Wexner Center of the Arts, 1996, stylo, encre et collage sur papier | Kugelschreiber, Tinte und Collage auf Papier, 61 x 48 cm.
Courtesy Collection of Matti Bunzi and Billy Vaughn, Chicago, Illinois.
The Tasting Garden-Improved Fertility, 1996, aquarelle sur papier | Aquarell auf Papier, 20 x 13,3 cm. Courtesy of the artist.
The Department of Marine Animal, Identification of the City of San Francisco (Chinatown Division), 1998, crayons de couleur sur papier | Buntstifte auf Papier, 26,6 x 34,3 cm. Courtesy of the artist and Tanya Bonakdar Gallery, New York.
The Ornithologist's Watchtower, 1998, stylo et aquarelle sur papier | Kugelschreiber und Aquarell auf Papier, 30,5 x 22,8 cm. Courtesy of the artist and Tanya Bonakdar Gallery, New York.
Weed World, 1999, crayons de couleur sur papier | Buntstifte auf Papier, 22,8 x 30,5 cm. Courtesy of the artist and Tanya Bonakdar Gallery, New York.
Blind/Hide, 2000, crayons de couleur sur papier | Buntstifte auf Papier, 22,8 x 30,5 cm. Courtesy of the artist and Tanya Bonakdar Gallery, New York.
Broken Tower, 2000, crayons de couleur sur papier | Buntstifte auf Papier, 22,8 x 30,5 cm. Courtesy of the artist and Tanya Bonakdar Gallery, New York.
Tide Pool, 2002, stylo rouge et bleu sur papier | roter und blauer Kugelschreiber auf Papier, 35,5 x 27,9 cm. Courtesy of the artist and Tanya Bonakdar Gallery, New York
Vivarium, 2002, stylo sur papier | Kugelschreiber auf Papier, 19,6 x 32,7 cm. Courtesy of the artist and Tanya Bonakdar Gallery, New York.
Albatross-Oceanographic Research Vessel, 2003, collage avec gouache sur papier | Collage und Gouache auf Papier, 22,2 x 29,8 cm. Courtesy of the artist and Tanya Bonakdar Gallery, New York.
Curious Collection, 2003, stylo et crayons de couleur sur papier | Kugelschreiber und Buntstifte auf Papier, 30,5 x 23 cm. Courtesy of the artist and Tanya Bonakdar Gallery, New York.
Heeresveterinär museum, 2003, collage avec gouache sur papier | Collage und Gouache auf Papier, 22,5 x 30,1 cm. Courtesy of the artist and Tanya Bonakdar Gallery, New York.
Ichthyosaurus, 2003, stylo et crayons de couleur sur papier | Kugelschreiber und Buntstifte auf Papier, 28,5 x 22,8 cm. Courtesy of the artist and Tanya Bonakdar Gallery, New York.
The Laboratory, 2003, collage avec gouache et stylo sur papier | Collage mit Gouache und Kugelschreiber auf Papier, 22,5 x 30,1 cm. Courtesy of the artist and Tanya Bonakdar Gallery, New York.
Bear Dungeon Door-Dundee Bear Broch, 2004, aquarelle et crayons de couleur sur papier | Aquarell und Bunstifte auf Papier, 29,2 x 22,2 cm. Courtesy of the artist and Tanya Bonakdar Gallery, New York.
Bear Dungeon (Dundee Bear Broch), 2004, crayons de couleur | Bunststifte auf Papier, 21,6 x 30,5 cm. Courtesy of the artist and Tanya Bonakdar Gallery, New York.
Dundee Bear Broch, 2004, stylo et échantillons de tissu sur papier | Kugelschreiber und Stoffmuster auf Papier, 22,8 x 30,5 cm. Courtesy of the artist and Tanya Bonakdar Gallery, New York.
Dundee Bear Broch (cave bear wall detail), 2004, aquarelle sur papier | Aquarell auf Papier, 21,6 x 27,9 cm. Courtesy of the artist and Tanya Bonakdar Gallery, New York.
Dundee Bear Broch (entrance), 2004, crayons de couleur sur papier | Buntstifte auf Papier, 21,6 x 31,7 cm. Courtesy of the artist and Tanya Bonakdar Gallery, New York.
Dundee Bear Broch (plan and elevation), 2004, crayons de couleur sur papier | Buntstifte auf Papier, 30,5 x 38,1 cm. Courtesy of the artist and Tanya Bonakdar Gallery, New York.
Dundee Bear Broch (plan view), 2004, crayons de couleur sur papier | Buntstifte auf Papier, 21,6 x 27,9 cm. Courtesy of the artist and Tanya Bonakdar Gallery, New York.
Dundee Bear Broch (side elevation), 2004, crayons de couleur sur papier | Buntstifte auf Papier, 20,3 x 27,9 cm. Courtesy of the artist and Tanya Bonakdar Gallery, New York.
Memento Mori (My Glass is Run), 2004, crayons de couleur sur papier | Buntstifte auf Papier, 22,2 x 29,8 cm. Courtesy of the artist and Tanya Bonakdar Gallery, New York.
The Bureau for the Centre for Surrealism and its legacy, 2004, collage sur carton | Collage auf Karton, 38,1 x 50,8 cm. Courtesy of the artist.
The Bureau for the Centre for Surrealism and its legacy, 2004, collage sur carton | Collage auf Karton, 50,8 x 38,1 cm. Courtesy of the artist.
The Toy Dungeon, 2004, dessin et collage sur papier | Zeichnung und Collage auf Papier, 43,1 x 24,1 cm. Courtesy of the artist and Tanya Bonakdar Gallery, New York.
Bear Dungeon Door, 2005, crayons de couleur sur papier | Buntstifte auf Papier, 31,1 x 24,1 cm. Courtesy of the artist and Tanya Bonakdar Gallery, New York.
Interior Walls Dundee Bear Broch, 2005, stylo et aquarelle sur papier | Kugelschreiber und Aquarell auf Papier, 21 x 33,6 cm. Courtesy of the artist and Tanya Bonakdar Gallery, New York.
Monument to the Birds of Guam, 2005, encre sur papier | Tinte auf Papier, 27,9 x 35,5 cm. Courtesy of the artist.
Theatrum Anatomicum-Apparatus, 2005, crayons de couleur et collage sur papier | Buntstifte und Collage auf Papier, 26,6 x 14 cm. Courtesy of the artist and Tanya Bonakdar Gallery, New York.
Theatrum Anatomicum-Entrance, 2005, crayons de couleur et collage sur papier | Buntstifte und Collage auf Papier, 26 x 13,3 cm. Courtesy of the artist and Tanya Bonakdar Gallery, New York.
Theatrum Anatomicum-Skeleton, 2005, crayons de couleur et collage sur papier | Buntstifte und Collage auf Papier, 26 x 13,3 cm. Courtesy of the artist and Tanya Bonakdar Gallery, New York.
Theatrum Anatomicum-Spleen (Black Bile), 2005, crayons de couleur et collage sur papier | Buntstifte und Collage auf Papier, 26 x 14 cm. Courtesy of the artist and Tanya Bonakdar Gallery, New York.
Theatrum Anatomicum-The Heart, 2005, crayons de couleur et collage sur papier | Buntstifte und Collage auf Papier, 26 x 13,3 cm. Courtesy of the artist and Tanya Bonakdar Gallery, New York.
Theatrum Anatomicum-The Stomach, 2005, crayons de couleur et collage sur papier | Buntstifte und Collage auf Papier, 26,6 x 14 cm. Courtesy of the artist and Tanya Bonakdar Gallery, New York.
Theatrum Anatomicum-Uterus, 2005, crayons de couleur et collage sur papier | Buntstifte und Collage auf Papier, 26 x 14 cm. Courtesy of the artist and Tanya Bonakdar Gallery, New York.
Antiquarian Bookshop, 2006, crayons de couleur sur papier | Buntstifte und Collage auf Papier, 14 x 18,4 cm. Courtesy of the artist and Tanya Bonakdar Gallery, New York.
Antiquarian Bookshop, 2006, crayons de couleur sur papier | Buntstifte und Collage auf Papier, 19 x 14 cm. Courtesy of the artist and Tanya Bonakdar Gallery, New York.
Dept. of Cryptozoology, 2006, collage sur papier | Collage auf Papier, 24,1 x 16,5 cm. Courtesy of the artist and Tanya Bonakdar Gallery, New York.
Sampling Unseen London (British Museum of Natural History), 2006, crayons de couleur sur papier | Buntstifte auf Papier, 20,6 x 27,3 cm. Courtesy of the artist and Tanya Bonakdar Gallery, New York.
Sampling Unseen London-Power Station Intake Filter (British Museum of Natural History), 2006, crayons de couleur sur papier | Buntstifte auf Papier, 21,9 x 29,8 cm. Courtesy of the artist and Tanya Bonakdar Gallery, New York.
Sampling Unseen London-The Director's House (British Museum of Natural History), 2006, crayons de couleur sur papier | Buntstifte auf Papier, 22,2 x 28,5 cm. Courtesy of the artist and Tanya Bonakdar Gallery, New York.
Sampling Unseen London-The Grassy Median at Heathrow Airport (British Museum of Natural History), 2006, crayons de couleur sur papier | Buntstifte auf Papier, 21,6 x 28,5 cm. Courtesy of the artist and Tanya Bonakdar Gallery, New York.
Sketch for Vertical Garden, 2006, crayons de couleur sur papier | Buntstifte auf Papier, 17,4 x 14,2 cm. Courtesy of the artist and Tanya Bonakdar Gallery, New York.
Sketch for Vertical Garden, 2006, encre sur papier | Tinte auf Papier, 17,1 x 14 cm. Courtesy of the artist and Tanya Bonakdar Gallery, New York.
South Florida Wildlife Rescue Unit, 2006, acrylique et stylo sur papier | Acryl und Kugelschreiber auf Papier, 16,2 x 16,2 cm. Courtesy of the artist and Tanya Bonakdar Gallery, New York.
Stork (Ciconia Ciconia) With Nest of Books, 2006, aquarelle et stylo sur papier | Aquarell und Kugelschreiber auf Papier, 14 x 10,1 cm. Courtesy of the artist and Tanya Bonakdar Gallery, New York.
The Uniform (The South Florida Wildlife Rescue Unit), 2006, aquarelle, stylo et collage sur papier | Aquarell, Kugelschreiber und Collage auf Papier, 14,9 x 9,8 cm. Courtesy of the artist and Tanya Bonakdar Gallery, New York.
Theatrum Anatomicum, 2006, encre sur papier | Tinte auf Papier, 13,6 x 18,1 cm. Courtesy of the artist and Tanya Bonakdar Gallery, New York.
Untitled, n.d., stylo et aquarelle sur papier | Kugelschreiber und Aquarell auf Papier, 15,2 x 10,1 cm. Courtesy of the artist and Tanya Bonakdar Gallery, New York.
Untitled, n.d., stylo et aquarelle sur papier | Kugelschreiber und Aquarell auf Papier, 19 x 14 cm. Courtesy of the artist and Tanya Bonakdar Gallery, New York.

Mark Dion & Max Gross

Vertical Garden (Tooley Street Hanging Garden), 2006, crayons de couleur sur papier | Buntstifte auf Papier, 28,5 x 21 cm. Courtesy of the artist and Tanya Bonakdar Gallery, New York.
Vertical Garden (Tooley St. Hanging Garden), 2006, crayons de couleur sur papier | Buntstifte auf Papier, 13,6 x 21,2 cm. Courtesy of the artist and Tanya Bonakdar Gallery, New York.
Vertical Garden (Tooley St. Hanging Garden), 2006, crayons de couleur sur papier | Buntstifte auf Papier, 14,2 x 21,2 cm. Courtesy of the artist and Tanya Bonakdar Gallery, New York.
Fish – Wasp – Komodo – Lynx – Lion – Jaguar, videos | Videos, 1'. Courtesy of the artist.

◉ : Œuvres exposées | Ausgestellte Werke

MARK DION

1961 Né à | Geboren in New Bedford, Massachusetts
Vit et travaille à | Lebt in New York City

ÉTUDES ET PRIX | STUDIEN UND AUSZEICHNUNGEN

1981-82, 86 University of Hartford School of Art, Connecticut, BFA
1982-84 School of Visual Arts, New York
1984-85 Whitney Museum of American Art, New York, Independent Study Program, New York
2001 9th annual Larry Aldrich Foundation Award
2003 University of Hartford School of Art, Doctor of Arts, PhD
2006 Joan Mitchell Foundation Award

EXPOSITIONS PERSONNELLES (SÉLECTION) | EINZELAUSSTELLUNGEN (AUSWAHL)

2007 *Thomas Berwick Memorial*, Newcaste upon Tyne, Locus
Salon Jacqueline Sommer, Musée de la Chasse et de la Nature, Paris
Seattle Vivarium, Olympic Sculpture Park, Seattle Art Museum
2006 *The South Florida Wildlife Rescue Unit*, Miami Art Museum
The Tar Museum, Galerie Georg Kargl, Vienna
Dundee Bear Broch, Camperdown Wildlife Center/Dundee Contemporary Arts, Dundee
Neotropic (with Bob Braine), Galerie In Situ, Paris
2005 *The Curiosity Shop*, Tanya Bonakdar Gallery, New York
Dungeon of the Sleeping Bear, the Phantom Forest, the Birds of Guam and other Fables of Ecological Mischief, Château d'Oiron
Salon de Chasse, Musée de la Chasse et de la Nature, Château de Chambord
The Brazilian Expedition of Thomas Ender-Reconsidered, Akademie Der Bildenden Kunst, Vienna
Bureau of the Centre for the Study of Surrealism and its Legacy, Manchester Museum
Microcosmographia and the Secret Garden Biological Field Unit, South London Gallery
Memento Mori (My Glass is Run), Aldrich Contemporary Art Museum, Ridgefield
2004 *Rescue Archaeology, A Project for The Museum of Modern Art*, Museum of Modern Art, New York
Mark Dion: drawings and printed works, Goodwater, Toronto
American Politics, Galerie Christian Nagel, Berlin
2003 *RN: The Past, Present and Future of the Nurse Uniform*, The Fabric Workshop and Museum (in collaboration with J. Morgan Puett), Philadelphia
The Ichthyosaurus, the Magpie, and Other Marvels of the Natural World, Musée Gassendi; la Réserve Géologique de Haute Provence, Digne, France; Centro Sperimentale Art Contemporanea, Caraglio
Full House, The Aldrich Museum of Contemporary Art, Ridgefield
Mark Dion: Collaborations 1987-2003, Joseloff Gallery, Hartford; American Fine Arts Co., New York
2002 *Mark Dion: Encyclomania*, Villa Merkel, Esslingen to Kunstverein Hannover; Bonner Kunstverien, Bonn
Microcosmographia, University of Tokyo Museum, Tokyo
Vivarium, Tanya Bonakdar Gallery, New York
Urban Wildlife Observation Unit, The Public Art Fund, Madison Square Park, New York
Ursus Maritimus, Goodwater, Toronto
Biologische Forschungsstation, Alster, Galerie für Landschaftkunst, Hamburg
2001 *New England Digs*, Fuller Museum of Art, Brockton; Bell Art Gallery, Brown University, Providence; University of Massachusetts, Dartmouth
Cabinet of Curiosity for the Weisman Art Museum, Wiesman Art Museum, Minneapolis
2000 *The Museum of Poison*, Bonakdar Jancou Gallery, New York
Nature Bureaucracies, American Fine Arts Co., New York
1999 *Two Banks (Tate Thames Dig)*, Tate Gallery, London
Where The Land Meets The Sea, Yerba Buena Center for the Arts, San Francisco
Adventures in Comparative Neuroanatomy, Deutsches Museum, Bonn
Loot: Raiding Neptune's Vault, Galleria Emi Fontana, Milano
1998 *The Ladies Field Club of York* (with J. Morgan Puett), National Railway Museum, York
1997 *Trophies & Souvenirs*, London Projects, London
Mark Dion: The Museum of Natural History and Other Fictions, Ikon Gallery, Birmingham; Kunstverein, Hamburg
Hommage Jean-Henri Fabre, Galerie des Archives, Paris
Cabinet of Curiosity for the Wexner Center of the Arts, Wexner Center for the Arts, Columbus
1996 *Two Trees*, American Fine Arts Co., New York
A Tale of Two Seas: An Account of Stephan Dillemuth's and Mark Dion's Journey Along the Shores of the North Sea and Baltic Sea and What They Found There, Galerie Christian Nagel, Köln
1995 *Unseen Fribourg*, Fri-Art Kunsthalle, Friburg
American Fine Arts Co., New York
Dodo, Galerie Tanya Rumpff, Haarlem
Flotsam and Jetsam (The End of the Game), De Vleeshal, Middleburg
Schoharie Creek Field Station / Bob Braine & J. Morgan Puett, Art Awareness, Lexington
Searching for Sabah / Paul Towel, Sabah Museum, Sabah
1994 *Aristoteles, Rachel Carson, Alfred Russel Wallace*, Galerie Metropol, Vienna
When Dinosaurs Ruled the Earth (Toys 'R' U.S.), American Fine Arts Co., New York
Angelica Point, Galleria Emi Fontana, Milano
1993 *The Great Hunter, The Marine Biologist, The Paleontologist and The Missionary*, Galerie Marc Jancou, Zürich
The Great München Bug Hunt, K-Raum Daxer, München
1992 Galleri Nordanstad-Skarstedt, Stockholm
American Fine Arts Co., New York
1991 *Art... Not News*, Real Art Ways, Hartford
1990 *Extinction, Dinosaurs and Disney: The Desks of Mickey Cuvier*, Galerie Sylvana Lorenz, Paris
Frankenstein in the Age of Biotechnology, Galerie Christian Nagel, Köln
Biodiversity: An Installation for the Wexner Center/William Schefferine, Wexner Center for Visual Arts, Columbus
1989 *Film, Artful History: A Restoration Comedy, with Jason Simon*, Collective for Living Cinema, New York

EXPOSITIONS COLLECTIVES (SÉLECTION) | GRUPPENAUSSTELLUNGEN (AUSWAHL)

2006 *Drawing as Process in Contemporary Art*, Smart Museum of Art, University of Chicago
Artists and Specimens: Documenting Contemporary Experience, The Hoffman Gallery of Contemporary Art, Lewis and Clark College, Oregon
The Unhumane Society, Momenta Art, Brooklyn, New York
Zerstörte Welten und die Rekonstruktion, Kunstraum, Dornbirn

Cryptozoology: Out of Time Place Scale, Bates College Museum of Art, Lewiston ×
Sammlung Grässlin, Räume für Kunst, St. Georgen
Ecotopia: The 2nd ICP Triennial of Photography and Video, International Center of Photography, New York ×

2005 *Drawing from the Modern 1975-2005*, The Museum of Modern Art, New York ×
Gotik und Moderne in Dialog, Frankischen Galerie, Kronach
Becoming Animal: Contemporary Art in the Animal Kingdom, MASS MoCA, North Adams ×
Gordon Matta-Clark: Odd Lots, Queens Museum of Art, New York ×
Our Surrroundings, Dundee Contemporary Arts

2004 São Paulo Bienal, São Paulo ×
Field: Science Technology and Nature, Socrates Sculpture Park, Long Island City, New York
For the Birds, Artspace, New Haven ×

2003 *De l'homme et des insectes*, Espace EDF Electra, Paris ×
Hommage Jean-Henri Fabre, Muséum d'histoire naturelle, Paris ×
Kunstlerisches Freilander Seegeniederung, West-Wendischer Kunstverein in Gatow
Artist's Lecture as Performance, Whitechapel Art Gallery, London

2002 *The House of Fiction*, Sammlung Hauser und Wirth, St. Gallen ×
Concrete Jungle, Gorney Bravin + Lee, New York
Museutopia, Karl Ernst Osthaus Museum der Stadt Hagen ×
Hellgreen, Hofgarden, Dusseldorf ×

2001 *Lateral Thinking: Art of the 1990s*, Museum of Contemporary Art San Diego
Fresh Kills, Snug Harbor Center for Contemporary Art, New York

2000 *In-Sites 2000*, San Diego ×
Crossing the Line, The Queens Museum of Art, New York
Ecologies, The David and Alfred Smart Museum of Art ×
Small World-Dioramas in Contemporary Art, MCA, San Diego ×

1999 *The Museum as Muse*, Museum of Modern Art, New York ×
Carnegie International, 99/00, Carnegie Museum of Art, Pittsburgh ×

1998 *The Natural World*, Vancouver Art Gallery ×

1997 *The Spiral Village*, Bonnefanten Museum, Maastricht
Città Natura, Palazzo delle Esposizioni and Museo Zoologico, Roma ×
Nordic Pavilion, Biennale di Venezia ×

1996 *Skulptur Projekte*, Münster ×
Hybrids, De Appel, Amsterdam ×
21st Century Sculpture, John Gibson Gallery, New York

1995 *Mapping: A Response to MoMA,* American Fine Arts Co., New York
Zeichen und Wunder/Signos y Milagros, Kunsthaus Zurich; Centro Galego de Arte Contemporanea, Santiago de Compostela ×
Platzwechsel, Kunsthalle, Zürich ×
Aufforderung in schönster Weise, Galerie Christian Nagel, Köln

1994 *Pro-Creation,* Fri-Art Kunsthalle, Friburg
Services, Kunstverein, München ×
Temporary Translation(s) Sammlung Schurmann, Deichtorhallen, Hamburg ×
Garbage, Real Art Ways, Hartford
Green, Torch, Amsterdam ×
Concrete Jungle, Marc Jancou Gallery, London

1993 *Simply Made in America,* Aldrich Museum for Contemporary Art, Ridgefield ×
Travelogue/Reisetagebuch, Hochschule für Angewandte Kunst - Galerie Metropol, Vienna
Parallax View, P.S. 1, The Institute for Contemporary Art, Long Island City; Goethe House, New York
Culture in Action, Sculpture, Chicago ×
Project Unité, Unité d'Habitation, Firminy ×
Sonsbeek 93, Arnhom ×
Art-Culture-Ecology, Bea Voigt Galerie, München
What Happened to the Institutional Critique, American Fine Arts Co., New York ×
Installation, Project for the Birds of Antwerp Zoo, On taking a normal situation and retranslating it into overlapping and multiple readings of conditions past and present, Museum van Hedendaagse Kunst, Antwerp ×
Kontext Kunst: Kunst der 90er Jahre, Neue Galerie am Landesmuseum Joanneum, Graz; DuMont Verlag, Köln ×
Concrete Jungle, Ezra and Cecile Zilka Gallery, Center for the Arts, Wesleyan University, Middletown ×
Transgressions in the White Cube: Territorial Mappings, Bennington College, Vermont ×

1992 *Nos Sciences Naturelles,* Fri-Art Kunsthalle, Friburg ×
Arte Amazonas, Museu de Arte Moderna, Rio de Janeiro; Staatiche Kunsthalle, Berlin ×
Translation, Centrum Sztuki Wspoteczesnej, Zamek Ujazdowski, Warsaw
Twenty Fragile Pieces, Galerie Analix-B. & L. Polla, Geneva
True Stories: Part II, Institute of Contemporary Arts, London ×
Proposals for the Museum of Natural History, Pat Hearn Gallery, New York
Arte Joven en Nueva York, Consejo Nacional de la Cultura, Sala Mendoza; Sala R.G., Caracas
The Hirsch Farm Project, Hillsboro

1990 *Commitment*, The Power Plant, Toronto ×
American Fine Arts Co., New York
The Köln Show, Köln
The (Un)Making of Nature, Whitney Museum of American Art, Downtown at Federal Reserve Plaza, New York; Whitney Museum of American Art, Stamford ×

1989 Xavier Hufkens Gallery, Brussells
After the Gold Rush, Milford Gallery, New York
Here and There: Travels, Clocktower Gallery, Institute for Contemporary Art, New York
American Fine Arts Co., New York
The Desire of the Museum, Whitney Museum of American Art, Downtown at Federal Reserve Plaza, New York
End of the Weather, Randolph Street Gallery, Chicago

1988 *The Pop Project Part IV, Nostalgia as Resistance,* Clocktower Gallery, Institute for Contemporary Art, New York
Poetic Justice, Ward-Nasse Gallery, New York ×
Artists and Curators, John Gibson Gallery, New York

1987 *Fake*, The New Museum of Contemporary Art, New York
303 Gallery, New York
New Concepts of Art in Public Space, Sonne Gallery, Berlin

1986 *Rooted Rhetoric*, Castel dell'Ovo, Napoli ×
Cutting 'Em off at the Pass, Thirty-Third Arts Festival of Atlanta
The Fairy Tale: Politics, Desire and Everyday Life, Artists Space, New York ×

1985 *Four Walls*, Hoboken
Transitional Objects, Philip Nelson Gallery, Lyon

× catalogue | Katalog

Cette exposition est une coopération entre | Die Ausstellung ist ein Kooperations-Projekt zwischen:
Carré d'Art Musée d'Art contemporain – Nîmes
Dunkers Kulturhus – Helsingborg
Seedamm Kulturzentrum – Pfäffikon SZ

CARRÉ D'ART MUSÉE D'ART CONTEMPORAIN – NÎMES
7 février – 22 avril 2007

Cette manifestation a été réalisée grâce à :
Ville de Nîmes
Direction régionale des Affaires culturelles Languedoc-Roussillon
Région Languedoc-Roussillon

Commissariat de l'exposition : Françoise Cohen
Communication : Delphine Verrières
Administration : Isabelle Peron, Marie-Louise Serpin
Secrétariat : Vivette Durand
Réalisation technique : Bernard Sauzet, Jean-Louis Veux
Service culturel : Sophie Gauthier
Centre de Documentation : Cécile Kerjan

DUNKERS KULTURHUS – HELSINGBORG
25 maj – 26 augusti 2007

Utställningen har genomförts med stöd av :
Kulturnämnden i Helsingborgs stad
Kulturmagasinet – Helsingborgs Museer

Utställningskommissarie : Magnus Jensner
Utställningskoordinator : Evalena Lidman
Katalogredaktörer : Evalena Lidman, Magnus Jensner
Pedagogik : Karin Müller-Lindberg
Konservator : Christina Gräbe
Antikvarie : Therese Kruse

SEEDAMM KULTURZENTRUM – PFÄFFIKON SZ
15. September – 11. November 2007

Direktor: Andreas Meier
Assistenz: Gaby Bachmann
PR und Medien: Gabrielle Boller, Marianne Nepple
Technische Mitarbeiter: Erich Wessner, Oreste De Faveri, Jörg Nosari

Conception graphique | Graphische Gestaltung: Philippe Magnon
Traduction | Übersetzung: Charles Penwarden, Josef Winiger
Photogravure | Photogravure: Delta Color
Impression | Druck: achevé d'imprimé en Union Européenne
ISBN 978-2-9156-39537

Dépôt légal : 1er trimestre 2007

Archibooks
18-20 rue de la perle
F- 75003 Paris
T : + 33 (0)1 42 25 15 58 – F : + 33 (0)1 42 25 10 72
www.archibooks.com

Les titres publiés par Archibooks sont disponibles dans le réseau des librairies

Distribué par Paris Musées :
Philippe Magnani
17 cour du Midi
F- 75012 Paris
T : + 33 (0)1 56 95 07 52